虫こぶ
ハンドブック

薄葉 重

4 CONTENTS　　　目次

用語解説 …………………… 6
1. 虫えい …………………… 7
2. ゴール形成生物 ………… 8
3. 虫えいの形状とその表現 … 10
4. 虫えいの命名法 ………… 11

1. ワラビクロハベリマキフシ 12
2. マツシントメフシ ……… 12
3. エゾマツシントメカサガタフシ 13
4. フウトウカズラハチヂミフシ 13
5. ヤナギエダコブフシ …… 14
6. ヤナギエダマルズイフシ … 14
7. ヤナギシントメハナガタフシ 15
8. イヌコリヤナギハアカコブフシ 15
9. オノエヤナギハウラケタマフシ 16
10. シダレヤナギハオオコブフシ 16
11. シバヤナギハオモテコブフシ 17
12. アカシデメムレマツカサフシ 17
13. イヌシデメフクレフシ …… 18
14. ハンノキハイボフシ …… 18
15. ブナハアカゲタマフシ …… 19
16. ブナハスジドングリフシ … 19
17. ブナハマルタマフシ …… 20
18. イヌブナハボタンフシ …… 20
19. クリメコブズイフシ …… 21
20. ナラエダムレタマフシ …… 21
21. ナラメイガフシ ………… 22
22. ナラメカイメンタマフシ … 22
23. ナラハタイコタマフシ …… 23
24. ナラメリンゴフシ ……… 23
25. クヌギエダイガフシ …… 24
26. クヌギハケタマフシ …… 24
27. クヌギハケツボタマフシ … 25
28. クヌギハマルタマフシ …… 25
29. クヌギミウチガワツブフシ 26
30. カシハットタマフシ …… 26
31. カシハサカズキタマフシ … 27
32. ハルニレハオオイガフシ … 27
33. ハルニレハフクロフシ …… 28
34. アキニレハフクロフシ …… 28
35. ムクノキハスジフクレフシ 29
36. ケヤキハフクロフシ …… 29
37. エノキハツノフシ ……… 30
38. エノキハクボミイボフシ … 30
39. エノキハトガリタマフシ … 31
40. クワメエボシフシ ……… 31
41. クワハミャクコブフシ …… 32
42. ガジュマルハマキフシ …… 32
43. イノコズチクキマルズイフシ 33
44. シキミハコブフシ ……… 33
45. クスノキハクボミフシ …… 34
46. ニッケイハミャクイボフシ 34
47. タブノキハウラウスフシ … 35
48. タブノキハクボミフシ …… 35
49. シロダモハコブフシ …… 36
50. ウツギハコブフシ ……… 36
51. ノリウツギミフクレフシ … 37
52. イスノキエダコタマフシ … 37
53. イスノキエダチャイロオオタマフシ …… 38
54. イスノキエダナガタマフシ 38
55. イスノキハコタマフシ …… 39
56. イスノキハタマフシ …… 39
57. マンサクメイガフシ …… 40
58. マンサクハフクロフシ …… 40
59. キイチゴクキコブズイフシ 41
60. バラハタマフシ ………… 41
61. サクラハトサカフシ …… 42
62. サクラハチヂミフシ …… 42
63. エドヒガンハベリフクロフシ 43
64. ミザクラハベリフクロフシ 43
65. フジメモトフクレフシ …… 44

66. フジハフクレフシ………44	102. ガマズミミミケフシ……… 62
67. フジツボミフクレフシ…… 45	103. ウツギメタマフシ……… 63
68. クズクキットフシ………… 45	104. ニシキウツギハコブフシ 63
69. キハダハナガフクロフシ… 46	105. オトコエシミフクレフシ 64
70. ヌルデミミフシ……………46	106. キカラスウリツルフクレフシ 64
71. イヌツゲメタマフシ……… 47	107. ヒヨドリバナハナフクレフシ 65
72. マサキハフクレフシ……… 47	108. ブタクサクキフクレフシ 65
73. ツリフネソウハオレタマゴフシ 48	109. ヨモギクキコブフシ…… 66
74. クマヤナギハフクロフシ… 48	110. ヨモギクキットフシ…… 66
75. ブドウツルフクレフシ…… 49	111. ヨモギクキナガズイフシ 67
76. ヤマブドウハトックリフシ 49	112. ヨモギクキマルズイフシ 67
77. ノブドウミフクレフシ……50	113. ヨモギクキワタフシ…… 68
78. シナノキハミャクケフシ… 50	114. ヨモギシントメフシ…… 68
79. マタタビミフクレフシ……51	115. ヨモギハエボシフシ…… 69
80. キヅタツボミフクレフシ… 51	116. ヨモギハシロケタマフシ 69
81. ウコギハグキットフシ…… 52	117. ヨモギハベリマキフシ… 70
82. ミズキハミャクフクレフシ 52	118. ヤブレガサクキ
83. アオキミフクレフシ……… 53	フクレズイフシ…70
84. リョウブハタマフシ……… 53	119. ハンゴンソウハナタマフシ 71
85. ツツジミマルフシ…………54	120. ツワブキハグキフクレフシ 71
86. アセビツボミトジフシ…… 54	121. ササウオフシ ……………72
87. カキハベリマキフシ……… 55	122. キタヨシメフクレフシ …72
88. サワフタギハサキオレフシ 55	123. ↑オオヨシメフクレフシ…73
89. エゴノネコアシ……………56	124. A. ヒメヨシメフクレフシ…73
90. エゴノキハツボフシ……… 56	B. ニホンオオヨシメフ
91. ハクウンボクエダサンゴフシ 57	クレフシ …………73
92. ネズミモチミミドリフシ…57	125. ススキメタケノコフシ …74
93. ヒイラギミミドリフシ……58	126. オギクキフクレフシ ……74
94. テイカカズラネコブフシ… 58	
95. テイカカズラミサキフクレフシ 59	虫えいの観察　標木作製………75
96. ネナシカズラツルコブフシ 59	虫えいの採集…………………… 75
97. ニガクサツボミフクレフシ 60	幼虫の飼育……………………… 76
98. クコハフクレフシ………… 60	虫こぶ形成者名索引…………… 78
99. ムンクリツボミタマフシ… 61	虫こぶ名索引…………………… 80
100. ヘクソカズラツルフクレフシ 61	参考文献………………………… 82
101. ヘクソカズラツボミマルフシ 62	

6

用語解説

一次寄主 アブラムシの生活環で，有性生殖が行われる寄主。(p. 9)

えい食者 (p. 77)

幹母 アブラムシで，両性生殖による受精卵からの雌。単性生殖により，多数の雌を胎生する。

寄居者（同居者） (p. 77)

寄主（宿主） 虫えい形成者や寄生者などが栄養分を得る相手の生物 (Host)。(p. 77)

胸骨 タマバエ類の幼虫の，前胸腹面に突き出たキチン化した突起 (breast bone, sternal spatula) で，先端が2叉したものが多い。幼齢幼虫には見られないことが多いが，終齢幼虫でも見られないグループがある。

単性生殖 未受精卵から正常な個体を生じるような増え方。雌雄いずれを生じるかは，種類により異なる。アブラムシでは，春～夏に雌から雌を単性生殖によって産む。(p. 9)

単性世代 単性生殖を行う世代。タマバチでは，単性世代と両性世代を交互に繰り返し，世代ごとに別の形の虫えいをつくるものがある。(p. 10)

二次寄主 アブラムシの生活環で，一次寄主から移住した有翅胎生雌虫や，その仔虫の寄主。一次寄主とは別種。草本が多い。(p. 9)

無翅（虫） 原始的な昆虫は，成虫でも翅を欠く。また本来，翅を持つグループでも世代により，あるいは環境条件その他によって，翅のない無翅型を生じる場合がある。タマバチのあるものでは，両性世代は有翅，単性世代は無翅である (p. 23)。アブラムシの単性生殖を繰り返す世代は，成虫でも無翅のことが多い。

有翅（虫） ここでは，アブラムシの有翅虫について述べる。一次寄主から二次寄主に移住する場合および単性生殖を繰り返す間に，有翅虫を生じる。また，秋に一次寄主に戻る際にも有翅虫を生じる。(p. 9)

有翅産性（雌）虫 アブラムシで，有翅で雄と雌とを産む雌のこと。

有翅胎生（雌）虫 有翅で単性生殖により，雌を産む雌のアブラムシ。(p. 9)

両性世代 雄と雌があり，受精によって次代をつくる世代が両性世代。

```
  ┌─ 有性生殖 ─┬─ 両性生殖 ……… 受精卵 ──▶ 次世代
  │            │
  │            └─ 単性生殖 ……… 未受精卵 ──▶ 次世代
  │
  └─ 無性生殖 ─────────────── 卵，精子に関係ない増え方
```

1. 虫えい

植物の葉に，"こぶ"がついてたり，芽が異常に肥大していることがあり，内部に虫が見つかることが多い。そのため，この"こぶ"などは，虫こぶ・虫えい（虫癭）と呼ばれるようになった。〔癭はこぶ・たまの意〕

ところが，このようなこぶが昆虫だけでなく，ダニや線虫，さらに菌類や細菌によっても形成されることが判ってきた。そうなると，このような植物に形成されるこぶを，虫えいと呼ぶのは不適当となった。

そのため，虫えい・ダニえい・菌えい……をまとめ，いわば広義の虫えいをゴール（Gall）と呼ぶようになってきた。

ゴールとゴール形成生物との関係をまとめると下表のようになる。

一方，18世紀の『和漢三才図会』には，「塩麩子（えんぶし＝ヌルデ）の木に五倍子（ごばいし）を生じ，塩を省略して"ふし"（附子）とした」との記述がある。五倍子はヌルデシロアブラムシによる虫えいである。この五倍子（"ふし"とふり仮名あり）に形が類似していたり，含まれている成分（おもにタンニン）が似ていることから，虫えい（さらにはゴール）をフシと呼ぶようになった。

日本の虫えい研究の先達である門前弘多（1928年など）や進士織平（1944年）は虫えい（ダニえいを含む）の和名の語尾にフシをつけた。この命名法が現在でも踏襲されており，本書でも広義の虫えい（ゴール）をフシとした。

ゴールは，ゴール形成生物（Gall-maker）の何らかの刺激により，寄生（Host）となる植物の細胞・組織が異常に増殖・肥大して生じる。"異常"のなかには，過度の肥大ばかりでなく，発育不良や未分化状態で止まる場合も含まれる。

何らかの刺激の実体は，現在でも詳らかでない。産卵に伴う分泌物の場合もあるし，幼虫の摂食に伴う刺激が必要な場合もある。

ゴール形成生物に対する植物側の反応の結果としてゴールが形成されるのだから，ハマキガの幼虫

```
         ┌─ Zoocecidia（動物性ゴール）← Cecidozoa（ゴール形成動物）
         │    Insect gall（虫えい）← 昆虫
         │    Acarocecidia, mite gall（ダニえい）← ダニ
Gall ────┤    Nematoda gall（線虫えい）← 線虫
(ゴール) │    ……
         │    ……
         └─ Phytocecidia（植物性ゴール）← Cecidophyta（ゴール形成植物）
              Mycocecidia（菌えい）← 菌類
              ……
              ……
```

が糸で葉を捲くのはゴールではない。植物が反応していないからである。オトシブミの"ゆりかご"も，ハモグリガの幼虫が潜孔した痕もゴールではない。

2．ゴール形成生物

ゴールを形成する生物の大部分は動物であり，植物は少ない。ゴールをつくる動物の主要なものは昆虫であり，次いでダニや線虫である。昆虫ではタマバエなどのハエ目が全体の半数を占め，次いでタマバチなどのハチ目，アブラムシ・キジラミなどのカメムシ目やアザミウマ目の順になる。

以下にゴールを形成する生物を挙げる。

① ウィルス類
② マイコプラズマ様微生物

キリのてんぐ巣病やサツマイモのてんぐ巣病など。葉が縮小し，枝や茎が分枝して叢生し，てんぐ巣状となる。

③ 細菌類

ニンジンなどの根頭がんしゅ病（$Agrobacterium$ sp.）やフジのがんしゅ病（$Erwinia$ sp.）マメ類の根粒（$Rhizobium$ sp.）などは細菌による。

また，マンリョウなどに葉粒をつくる（$Bacterium$ sp. など）のも細菌である。

④ 菌類

担子菌類や子のう菌類が植物に寄生し，種々のゴール（菌えい）をつくる。

たとえば，ツツジ・ツバキ・サザンカの葉の一部が多肉化して"もち"状になるのは$Exobasidium$属のもち病菌による。

アカマツなどの枝の準球形のこぶは，マツのこぶ病菌（$Cronartium$属）という銹菌による。また，トウモロコシの"お化け"は黒穂病菌（$Ustilago$属），ソメイヨシノの"てんぐ巣"は$Taphrina$属の菌による。

ヤブニッケイの芽を肥大させるのは，$Ustilago\ japonicum$，マコモの茎を肥大させる（食用部はマコモタケ）のは$U.\ esculenta$で，いずれも黒穂病菌類である。

⑤ 線虫類

ネマトーダ（Nematoda）として知られ，多くの植物にゴールをつくり，"害虫"とされている。コムギツブセンチュウは頴果に，キタネコブセンチュウはラッカセイなどの根にゴールをつくる。ヨモギの葉のヨモギツブセンチュウ$Subanguina\ moxae$による，径2〜3mm程度のゴールが韓国・日本から知られている。線虫によるゴールをヤマハハコの葉で得ている（長野県白駒池）。

⑥ ダニ類

フシダニ科 Eriophyidae の$Eriophyes$属や$Phytoptus$属のものがゴールをつくる。ゴールをつくらないフシダニは，サビダニと呼ばれたりする。

体長0.2mm程度で、細長いウジ状に見え、2対の脚を胸部にもつ。学名未決定のものが多い。

ササラダニの一種によるオオシャジクモクキフクレフシが記録されているが、詳細不明である。

フシダニ類のゴール内には、柔毛状の突起が多く見られる。ハイボフシ型・ハフクロフシ型・ハケフシ型のものが多い。

⑦ アザミウマ類

虫えいをつくるのは、雌の腹端下面に鋸状の産卵管をもつアザミウマ科と、それをもたないクダアザミウマ科のものに限られる。虫えい内には、卵や各段階の幼虫（第1・第2）と蛹（第1・第2あるいは第3）、そして成虫が見られることが多い。虫えいはハマキ型・ハベリマキ型が多い。

⑧ グンバイムシ類〔⑧～⑫はカメムシ目〕

ヒゲブトグンバイがニガクサなどに虫えいをつくることが知られている。

⑨ キジラミ類

日本産キジラミ類の約1/3が虫えいをつくる。双子葉類の木本、そして葉に形成されるものが多い。ハクボミ (leaf pit gall) 型・ハマキ型・ハベリマキ型などが多い。

幼虫はワックス分泌腺からの糸状・綿状の分泌物で体を覆うことが多く、その一部は虫えいの開孔部からはみ出すことがある。大部分は開放型で、完全閉鎖型の虫えいは少ない。

⑩ コナジラミ類

サカキコナジラミ (*Rusostigma*) 属によるヒサカキハクボミフシが知られているが少ない。

⑪ アブラムシ類

広範囲の植物群に寄生し、一部に虫えいをつくる。タマワタフシ科のものでは、一次寄主の幹母1齢幼虫によって形成されることが多い。ハチヂミ型・ハマキ型・ハフクロ型などの開放型の虫えいをつくるものが多い。生活環は複雑で、多型現象が見られ、寄主を転換するものも多い。(p.38)

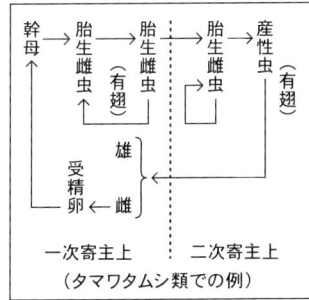
（タマワタムシ類での例）

⑫ カイガラムシ類

カブラカイガラムシによるクヌギカワアレフクレフシや、フサカイガラムシ類によるクボミフシ型の虫えいが知られている。

⑬ 甲虫類

ゾウムシ科・ハナノミ科に虫えいを形成するものがある。大部分が茎に、一部が子房を虫えい化する。

⑭ ハバチ類

虫えいを形成するハバチの大部分はヤナギ類を寄主とし、一部が

ニシキウツギやサクラ類を寄主とする。

ハマキ型・ハオレ型・ハコブ型・ハタマ型の虫えいをつくる。

⑮ タマバチ類

日本で100種以上のタマバチによる虫えいが知られているが、その寄主の90％以上がブナ科で、残りはバラ科とキク科である。形成部位は葉と芽とで、ほぼ70％となる。虫えいの一部には、何層もの組織からできているものがある。世代の交代を行なうものが多く、世代により、虫えい形成部位や形態に差があり、別種による虫えいとされていたものがある。（下図）

```
       ┌ クヌギエダイガフシ
       │       ……単性世代虫えい
  枝 ┤
       └ クヌギエダイガタマバチ
         ‖       ……単性世代蜂
       Trichagalma serratae （学名）
         ‖
       ┌ クヌギハナコツヤタマバチ
       │       ……両性世代蜂
  花 ┤
       └ クヌギハナコツヤタマフシ
               ……両性世代虫えい
```

⑯ コバチ類

イチジクコバチ科とカタビロコバチ科の一部が虫えいをつくる。

⑰ タマバエ類

タマバエ科のものが、虫えい形成昆虫の中で占める割合が最も高い。寄主の範囲も多岐にわたる。

特にヤナギ属・ブナ属・ヨモギ属には、多種類のタマバエによる虫えいが見られる。

虫えいのタイプも様々である。3齢幼虫に胸骨というキチン片が見られれば、本科のものと考えてよい（ただし、ないものもある）。

一種の寄主上では生活史を完了できないものがあり、別種の寄主への移住が必要なものも存在する。

⑱ キモグリバエ類

ヨシやオギの茎に虫えいをつくるものが知られている。〔p. 72～74〕

⑲ ハモグリバエ類

フジタマモグリバエが知られている。〔p. 44〕

⑳ ミバエ類

茎や葉柄・頭状花などに虫えいをつくる。〔p. 67・71〕

㉑ 蛾類

ハマキガ科〔p. 65〕やメイガ科〔キササゲノメイガ〕・ホソガ科などの少数のものが虫えいをつくる。ブドウ・カラスウリ・ヘクソカズラなどにスカシバ類の虫えいが見られる。

3．虫えいの形状とその表現

虫えいには、植物体の組織内に産卵されたことにより、開孔部をもたない閉鎖型のものと、開孔部が残る開放型のものとがある。

また、虫えい内には一つの虫室（房室・幼虫室）しかない場合や、多数の虫室が見られる場合がある。単一虫室の場合でも、その内部に複数の幼虫が生活する場合もある。

虫えいの形状は多岐にわたるので、その表現も統一されていない。したがって、それをもとにする虫えいの名称にもあいまいな点が多い。

最も多くの虫えいが見られるのは葉なので、葉に形成される虫えいの形・命名について述べておく。

① 葉柄——ハグキあるいはエ(柄)と表現される。ツト(苞)フシ〔p.52〕・タマフシ・コブフシなど。

② 葉身——ハクボミフシには開口部が狭い場合と広い場合がある。開口部側が粘液や、細毛でおおわれることもある。開口部の反対側が、"いぼ"ならハイボフシ。大きくふくれればハフクレフシ。ふくれ部分の形状によってはハツノフシやハツボフシ・ハトックリフシ・ハトサカフシなどとする。さらに表面に毛があればハケツボフシとなる。虫えい全体が球状ならハタマフシ、不整形ならハコブフシなどとする。

葉や小葉が半分などに折りたたまれればハオレフシ、閉じられればハトジフシ、巻き込まれればハマキフシとされる。全体が縮れればハナナミフシとなる。

③ 葉脈——ハスジやハミャクと表現され、ハミャクフクレフシやハスジコブフシなどがある。

④ 葉縁——ハベリと表現され、ハベリマキフシ、ハベリタマフシなどがある。

4. 虫えいの命名法

虫えいは〔寄主植物名〕+〔形成される部分〕+〔形態的特徴〕+〔フシ(虫えい)〕で命名されていることが多い。たとえば、ブナハベリタマフシは、ブナの葉縁につくられる球状の虫えい、ブナハアカゲタマフシはブナの葉につく赤い毛で包まれた球状の虫えいということになる。

しかし、すべての虫えいが、このような原則にしたがって命名されているとは限らない。エゴノネコアシやササウオフシのように、古くからの慣用名が用いられている場合もある。

1. ワラビクロハベリマキフシ ※ワラビ

【形成者】ワラビハベリマキタマバエ 学名不詳
【形状】小羽片の葉縁が裏側に巻かれた虫えい。長さ8mm，厚さ5mm内外。虫えいの表面は，はじめ茶褐色，後に黒色になる。虫えい内には橙黄色の幼虫が1匹みられる。
【生活史】8月初旬に，幼虫が虫えいから脱出している（群馬県）。越冬態その他の詳細不明。
【分布】本・九。

マツ科・アカマツ

2. マツシントメフシ ※アカマツ〔クロマツ〕

【形成者】マツシントメタマバエ
Contarinia matusintome
【形状】枝の先端で，未展開の芽のようにみえるほぼ円錐形の虫えい。表面は赤褐色の鱗片でおおわれている。内部には未発達の針葉と考えられる組織があり，その間に黄色の幼虫が多数みられる。秋に虫えいは黒褐色になり，枝は芯止め状態になる。
【生活史】幼虫は8〜9月に脱出し，地中へ。9〜10月に羽化。芽に産卵。
【分布】本・四・九・朝鮮半島。

マツ科・トウヒ

3. エゾマツシントメカサガタフシ　　※トウヒ〔エゾマツ〕

裂開後の虫えい

【寄生者】エゾマツカサアブラムシ
Adelges japonicus
【形状】エゾマツ（北海道）やトウヒ（本州）の枝端に形成される球果状の虫えい。針葉が短縮・肥大し、その基部間隙が虫室となる。
【生活史】8月に脱出した有翅単性虫が産んだ卵が秋に孵化し、幼虫越冬。この幼虫が成虫となり、春に産卵。孵った幼虫が新梢に移動、針葉の基部に定着し、虫えいを肥大させる。
【分布】北・本・サハリン。

コショウ科・フウトウカズラ

4. フウトウカズラハチヂミフシ　　※フウトウカズラ

【形成者】フウトウカズラクダアザミウマ
Liothrips kuwanai
【形状】葉の縁が葉裏側に巻かれ、さらに葉身全体が複雑に巻縮する虫えい。大きさや形は変化が多い。表面は汚白色〜褐色部が散在し、不規則な小隆起がある。虫えい内部には多数の幼虫・成虫がみられる。
【生活史】発生世代数不明。関東でも冬に成虫がみられる。寄居虫もいる。
【分布】本・四・九・南西諸島, 台湾。

ヤナギ科・シダレヤナギ

5. ヤナギエダコブフシ　※シダレヤナギ〔ヤマネコヤナギ・ネコヤナギなど〕

【形成者】ヤナギコブタマバエ *Rabdophaga salicis*
【形状】小枝が卵形〜紡錘状に肥大する虫えい。直径7mm，長さ10mm前後。内部の木質部に数個の虫室があり，各1幼虫を含む。

【生活史】虫えい内で幼虫越冬。3〜4月に羽化。
【分布】北・本・四・九・欧亜大陸・北米など。
【付記】ヤナギエダカタガワフシとは外観で区別困難。幼虫や蛹で区別。

ヤナギ科・ヤマネコヤナギ

6. ヤナギエダマルズイフシ　※ヤマネコヤナギ〔シダレヤナギ・シロヤナギなど〕

【形成者】ヤナギマルタマバエ *Rabdophaga rigidae*
【形状】枝につくられる卵形〜紡錘形の虫えいで，直径10mm，長さ15mm内外。木質で硬く，中央に円筒形の1虫室があり，1幼虫がみら

れる。蛹は白色のまゆに包まれる。
【生活史】虫えい内で幼虫越冬。4〜5月に，虫えい頂部の枯死した枝の髄部分より羽化。
【分布】本・九・朝鮮半島・ロシア極東・北米。

ヤナギ科・イヌコリヤナギ

7. ヤナギシントメハナガタフシ　※イヌコリヤナギ〔カワヤナギ・タチヤナギ〕

断面

【形成者】ヤナギシントメタマバエ
Rabdophaga rosaria
【形状】頂芽が伸長せず，葉が重なって八重咲の花状になった虫えい。直径20mm前後。内部の木質部の先端の1虫室に1匹の幼虫がみられる。冬に黒褐〜茶褐色となり枝に残る。
【生活史】虫えい内で幼虫越冬。葉裏に産卵され，孵化幼虫は芽に侵入する。
【分布】本・九・朝鮮半島・中国・ロシア極東・シリア・欧州。

ヤナギ科・イヌコリヤナギ

8. イヌコリヤナギハアカコブフシ　※イヌコリヤナギ

【形成者】コブハバチの1種
Pontania sp.
【形状】おもに葉身の基半部に形成される卵形〜球形の虫えい。葉の両側にふくれ，葉縁の一部が細く虫えいに残る。直径10mm内外。内部は広く，1幼虫がみられる。
【生活史】4月に羽化し，新葉に産卵する。9月に脱出する。虫えい内にゾウムシの1種が見られることがある。
【分布】北・本。

ヤナギ科・オノエヤナギ

9. オノエヤナギハウラケタマフシ ※オノエヤナギ〔タチヤナギ〕

【形成者】コブハバチの1種 *Pontania* sp.
【形状】葉裏の主脈付近につくられる球形〜卵形の虫えい。表面は白色で,白色〜黄色の毛でおおわれている。直径7〜8mm。虫えい内部は広く,1幼虫を含む。葉表側は少し凹む。
【生活史】6月頃羽化。主脈付近に産卵する。10月頃虫えいから脱出し,地中にもぐり,まゆを作る。前蛹状態で越冬するという。
【分布】北・本。

ヤナギ科・シダレヤナギ

10. シダレヤナギハオオコブフシ ※シダレヤナギ〔ヨシノヤナギ〕

上・コブハバチ 下・乾固した虫えい

【形成者】コブハバチの1種 *Pontania* sp.
【形状】主脈に接し,葉の両面にふくれる虫えい。直径10mm,長さ15mm内外。虫えいの内部は広く,内部に白色の1幼虫と糞がみられる。
【生活史】4月に羽化し,新葉の葉身基部に産卵。虫えいは10月頃,葉についたまま落ち,幼虫は小孔をうがって脱出。地中でまゆをつくり,前蛹状態で越冬する。
【分布】本・九。

ヤナギ科・シバヤナギ

11. シバヤナギハオモテコブフシ　　※シバヤナギ

葉裏側

【形成者】シバヤナギコブハバチ *Pontania shibayanagii*
【形状】主脈と平行に，両側または片側に作られるコッペパン状の虫えい。長さ10mm内外。緑〜赤褐色。葉裏側にしわがあるが，スリットはない。
【生活史】4月上旬に羽化。虫えい形成速度大。幼虫は5月に脱出し，地中でまゆを作り，前蛹で越冬する。
【分布】本。
【付記】シバヤナギハウラタマフシ（*Pontania* sp.）の幼虫は，秋に虫えいから脱出する。

カバノキ科・アカシデ

12. アカシデメムレマツカサフシ　　※アカシデ

アカシデメフクレフシ

【形成者】フシダニの1種 *Eriophyes* sp.
【形状】アカシデの枝が短縮し，枝につく多数の芽が集まり，松笠状になったもの。個々の芽は赤褐色で，開芽することはない。鱗葉基部内側に多数のフシダニが見られる。
【生活史】落葉後にめだってくる。詳細不詳。
【分布】本。
【付記】アカシデメフクレフシも同属のフシダニによるが同種かは不詳。

カバノキ科・イヌシデ

13. イヌシデメフクレフシ ※イヌシデ

断面

【形成者】ソロメフクレダニ *Eriophyes* sp.
【形状】越冬芽の鱗葉が肥大したもの。鱗葉は上方に曲り、内部は柔組織状になる。黄褐〜緑褐色で、表面に長毛密生。長さ50mmにも達する。

【生活史】5月にダニが脱出。詳細不明。
【分布】本・四・九。
【付記】同じ属のフシダニによるアカシデメフクレフシ（p.17）、やサワシデメフクレフシが知られている。（ソロはアカシデなどシデ類の俗称）

カバノキ科・ハンノキ

14. ハンノキハイボフシ ※ハンノキ

下－葉裏側

【形成者】フシダニの1種 *Phytoptus* sp.
【形状】表の表面の袋状に突出する、ほぼ球形の虫えい。表面平滑で、ときに先端部に1小突起がある。直径約2mmで、葉裏部は開孔している。表面の色は黄白〜黄緑色。淡紅色をおびる場合もある。虫えい内部は白色の柔毛。その間にフシダニが生活している。
【生活史】詳細不明
【分布】本。

ブナ科・ブナ

15. ブナハアカゲタマフシ　　　　　　※ブナ〔イヌブナ〕

【形成者】タマバエの1種　学名不詳
【形状】葉表に形成される直径7mm前後の球形の虫えい。桃紅色の毛でおおわれ、綿球状になり美しい。数個の虫えいが近接して形成されると、葉はねじれる。虫室は細長く1幼虫。
【生活史】新葉の展開とともに，急速に虫えいが形成される。4～5月に虫えいは脱落する。その後の経過についてはよくわかっていない。
【分布】本・九。

ブナ科・ブナ

16. ブナハスジドングリフシ　　　　　　※ブナ

【形成者】タマバエの1種　学名不詳
【形状】主脈，ときには側脈に形成される砲弾型～卵形の虫えい。高さ7～8mm内外。淡黄白～緑色で，硬い。1虫室に1幼虫が生活。
【生活史】ブナの開葉時に産卵されると思われる。5～6月にめだってくる。秋に虫えいは，葉より脱落し，その中で，蛹で越冬するものと思われる。似た虫こぶがあり，再検討が必要と思われる。
【分布】本・九。

ブナ科・ブナ

17. ブナハマルタマフシ　　　　　　　　　※ブナ〔イヌブナ〕

断面（秋田県産のもの）

【形成者】ブナマルタマバエ
学名不詳
【形状】葉の表側に半球状〜円錐状に，葉裏側にも僅かにふくれ，中央に小突起がみられる。関西のものは両面への突出が少ないという。虫えい壁は厚く硬く，1虫室1幼虫。
【生活史】虫えいは6月頃よりめだってくる。9〜10月に脱落。この虫えい内で蛹で越冬。春に羽化して葉に産卵すると思われる。
【分布】本・四・九。

ブナ科・イヌブナ

18. イヌブナハボタンフシ　　　　　　　　　※イヌブナ

【形成者】イヌブナボタンタマバエ
学名不詳
【形状】葉表のおもに葉脈上に形成される扁平な丸いボタン状の虫えい。中央部はややもり上がり，中心部は緑〜黄緑色。周縁部は黄白〜赤褐色。直径4mm，高さ3mm内外。内部にやや扁平な虫室があり，1幼虫を含む。虫えいは短い柄で葉面につく。
【生活史】秋に葉から脱落した虫えい内で幼虫越冬。詳細不明。
【分布】本・九。

ブナ科・クリ

19. クリメコブズイフシ　　※クリ

断面

【形成者】クリタマバチ
Dryocosmus kuriphilus
【形状】新芽が紡錘形〜球形に肥大した虫えいで、直径15mm内外。春の萌芽当初は桃赤色だが後に緑色。壁は木質で硬く、内部に数個の虫室がある。
【生活史】6〜7月に羽化。全て雌で葉腋の側芽に産卵。幼虫状態で越冬。1940年頃、中国から侵入してきた。
【分布】北・本・四・九・朝鮮半島・中国・北米。

ブナ科・コナラ

20. ナラエダムレタマフシ　※コナラ〔ミズナラ・モンゴリナラ・カシワ〕

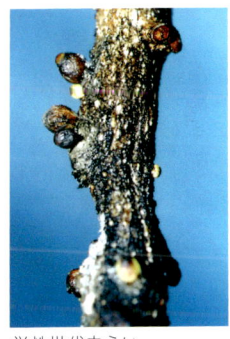
単性世代虫えい

両性世代虫えい（カシワ）

【形成者】ナラエダムレタマバチ
Andricus hakonensis?
【形状】下部の細くなった準球形〜楕円体。黄緑色で、成熟すると黒褐色となり脱落。1室1幼虫。蜜を分泌。
【生活史】両性世代虫えいは、ナラハグキコブフシで6月に雌雄が羽化。若枝に産卵し、単性世代虫えいが形成される。単性世代期間は1冬が普通だが、2冬や3冬もあるという。
【分布】北・本・四・九・朝鮮半島。

21. ナラメイガフシ　　　※コナラ〔ミズナラ・カシワ〕

単性世代虫えい　　　　　　　　両性世代虫えい

【形成者】ナラメイガタマバチ *Andricus mukaigawae*
【形状】多数の針状片に包まれたいが状の虫えい。虫えい本体はイチジク状で木質。先端部に虫室が埋まっている。1室に1幼虫である。

【生活史】両性世代虫えい（ナラワカメコチャイロタマフシ）は，葉脈上に生じ，先端がややとがる。葉の組織中になかば埋れるので，葉身はねじれる。5月に羽化。新梢の側芽に産卵。
【分布】北・本・四・九・朝鮮半島。

22. ナラメカイメンタマフシ　　※コナラ〔ミズナラ〕

両性世代虫えい　　　　　　　　単性世代虫えい＊

【形成者】ナラメカイメンタマバチ *Aphelonyx glanduliferae*
【形状】早春，枝端に形成される直径6mm内外の黄褐～茶褐色の虫えい。表面は円筒状の小突起が密生。内部には5個内外の虫室が密着している。

【生活史】4月中に有翅雌雄が羽化しコナラ若葉に産卵し，単性世代によるコナラハウラマルタマフシが形成される。〔写真の虫えい＊の一部からは，寄居者が脱出した〕
【分布】本・四・九・朝鮮半島。

23. ナラハタイコタマフシ　　※コナラ〔ミズナラ・モンゴリナラ〕

両性世代虫えい

羽化脱出孔

【形成者】ナラハタイコタマバチ
Andricus moriokae
【形状】葉の表裏，ほぼ同程度にふくれた準球形の虫えい。えいの上端と下端が平らになるのが，"太鼓"の名のおこり。内部の虫室は，上下2室の中間に，葉脈で支えられているように見える。1虫室で1幼虫。
【生活史】5月に雌雄が羽化。単性世代虫えいはナラメムレトガリタマフシで，冬に枝先でみられる。
【分布】本・四・九・朝鮮半島など。

24. ナラメリンゴフシ　　※ミズナラ〔コナラ・カシワ〕

両性世代虫えい

ナラメリンゴタマバチ（両性世代）

【形成者】ナラメリンゴタマバチ
Biorhiza nawai
【形状】芽に形成されるほぼ球形の虫えいで，表面平滑，淡緑～黄緑色。赤褐色になる場合もある。内壁はスポンジ状で柔らかく，虫室が多数，放射状に配列している。
【生活史】5～6月に雌雄（ともに有翅）が羽化。ナラ類の根に産卵。単性世代虫えいはナラネタマフシで，これから無翅の雌が12月に脱出。
【分布】北・本・四・九・朝鮮半島など。

25. クヌギエダイガフシ　　※クヌギ

クヌギエダイガタマバチ

単性世代虫えい

両性世代虫えい

【形成者】クヌギエダイガタマバチ
Trichagalma serratae
【形状】径10mm内外の虫こぶで，群生することが多い。表面は軟毛が密生した棘状片で包まれる。虫えい外壁と卵形の虫室との間には空間がある。

【生活史】秋おそく翅に斑点のある成虫（全て雌）が脱出し，雄花序を含む花芽に産卵。黄褐色無毛の両性世代虫えい（クヌギハナコツヤタマフシ）から雌雄が羽化。若枝に産卵。
【分布】本・四・九・朝鮮半島。

26. クヌギハケタマフシ　　※クヌギ

単性世代虫えい

両性世代虫えい

【形成者】クヌギハケタマバチ
Neuroterus vonkuenburgi
【形状】葉裏に形成されるほぼ球形の虫えいで，頂部はやや凹む。白～黄褐色の微毛でおおわれる。内部に1虫室があり，1幼虫がみられる。

【生活史】葉から脱落した虫えい内で，成虫越冬。早春に雄花序に産卵。花序全体が肥大して綿球状の虫えい（クヌギハナカイメンフシ）を形成。雌雄が6月に羽化。葉裏に産卵。
【分布】本（関東以北）。

ブナ科・クヌギ

27. クヌギハケツボタマフシ　　※クヌギ〔アベマキ〕

単性世代虫えい

両性世代虫えい

【形成者】クヌギハケツボタマバチ
Neuroterus nawai
【形状】葉の表面に形成される扁球状の虫えいで直径4mm内外。虫えい頂部はやや凹み褐色で、その外側を白色、さらに外側は褐色、次いで白色微毛が同心円状にとりまく。内部1室、1幼虫がみられる。
【生活史】成虫あるいは蛹で越冬。両性世代虫えいは、クヌギハナコクロタマフシ。両性世代は5月に羽化。
【分布】本・四・九。

ブナ科・クヌギ

28. クヌギハマルタマフシ　　※クヌギ〔アベマキ〕

単性世代虫えい

両性世代虫えい

【形成者】クヌギハマルタマバチ
Aphelonyx acutissimae
【形状】おもに側脈に沿って葉表に形成される球状の虫えい。黄緑〜淡紅〜褐色。虫えいの内壁からの細い繊維状突起によって虫室が中央に保持される。1幼虫がみられる。
【生活史】虫えいの成熟はばらつく。冬にクヌギの花芽に産卵。両性世代虫えいはクヌギハナコケタマフシで、微毛がある。4月末羽化。葉に産卵。
【分布】本・四・九・朝鮮半島。

ブナ科・クヌギ

29. クヌギミウチガワツブフシ　　※クヌギ〔アベマキ〕

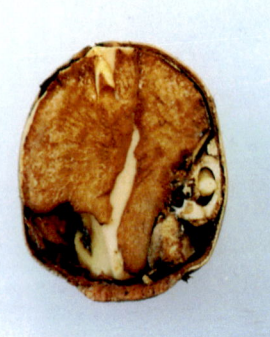

断面

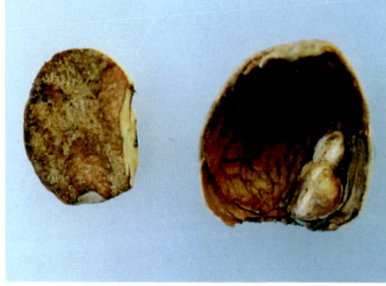

子葉（右側凹む）　　　虫えい

【形成者】クヌギミウチガワツブタマバチ *Callirhytis* sp.
【形状】クヌギの果実の種皮の内側に形成される長卵形〜扁球形の虫えい。数個が接してつくられる。虫えいに接している子葉部分は，虫えいの分だけ凹んでいる。虫えいを含む果実は正常果よりやや小さい。
【生活史】虫えい内で幼虫越冬し，8月に羽化（雌雄）。1回越冬した幼果に産卵する。
【分布】本・九。

ブナ科・アラカシ

30. カシハツトタマフシ　　※アラカシ〔シラカシ・ウラジロガシ〕

【形成者】カシハツトタマバチ
学名不詳
【形状】葉裏の脈上に形成される細長い"つと"状の虫えい。中央部は葉脈につくが，両端は尖り，脈から遊離する。表面は灰白〜黄緑色。
【生活史】成熟した虫えいは脱落し，幼虫越冬。一部はその春に，多くは次の春に羽化。両性世代虫えいはカシワカメコムレタマフシとされている。
【分布】本・四。

ブナ科・アラカシ

31. カシハサカズキタマフシ　　　※アラカシ

右の球形のものはカシハコタマフシ

【形成者】カシハサカズキタマバチ
学名不詳
【形状】葉表のおもに側脈上に形成される虫えい。主脈を中心に，左右対称的に側脈上に存在することがある。虫えいの上面中央部は凹み，その周囲は黄緑色。側面は黒褐色。1室1幼虫が正常。成熟虫えいは脱落。
【生活史】両性世代虫えいは，若枝の基部のふくれるカシワカグキフクレフシである。
【分布】本・四。

ニレ科・ハルニレ

32. ハルニレハオオイガフシ　　　※ハルニレ

裂開乾固した虫えい

【形成者】ハルニレオオイガフシワタムシ　*Kaltenbachiella spinosa*
【形状】主脈上に生ずる直径10mm前後の，球形の虫えい。表面は多数の長円錐状のトゲでおおわれ，クリのイガ状。脱出孔は虫えいの側方。
【生活史】二次寄主は未知。北海道産のハルニレハイガフシとは，形態では区別できないという。こちらは非移住性。(写真は栃木県塩原産のもの)
【分布】北・本。

ニレ科・ハルニレ

33. ハルニレハフクロフシ　　※ハルニレ

【形成者】オカボノクロアブラムシ
Tetraneura nigriabdominalis
【形状】葉の表面に袋状に突出し、形は変化に富む。黄緑色〜深紅色。
【生活史】6〜7月に有翅虫が側面の裂口から脱出し、イネ科植物の根に移住する。秋に二次寄主上で産性虫を生じ、ハルニレの枝に集まるという。(同属の近縁種は3種あり、虫えいからは区別が困難という。(写真は長野県黒姫山のもの)
【分布】北・本。

ニレ科・アキニレ
34. アキニレハフクロフシ　　※アキニレ

【形成者】アキニレヨスジワタムシ
Tetraneura akinire
【形状】葉表側に形成される高さ10〜15mmの袋状の虫えい。形は紡錘形〜柄のある球形など変化が多い。緑黄〜赤褐色。
【生活史】東京で植栽されているアキニレ上に虫えい(中に黒色の幹母)がみられ、6月に脱出する。二次寄主はイネ科。秋にアキニレにもどるという。
【分布】本・四・九・南ヨーロッパ。

35. ムクノキハスジフクレフシ（新称）　　※ムクノキ

葉裏側

【形成者】ムクノキトガリキジラミ
Trioza usubai
【形状】隣接する2本の側脈が接近し，側脈間の葉肉が表面側にふくれた虫えい。葉表側はやや凹凸があり，長さ20mm内外。葉裏側にスリットがあり，10匹前後の幼虫がみられる。
【生活史】成虫越冬し，若葉に産卵。孵化した幼虫はより若い葉に移動し，虫えい形成。2齢で越夏し，11月に羽化。虫えいつきの葉は落ち難い。
【分布】本（関東以南）。

36. ケヤキハフクロフシ　　※ケヤキ

断面

【形成者】ケヤキヒトスジワタムシ
Paracolopha morrisoni
【形状】葉の表側に形成される袋状の虫えい。上部は拡がり下部は細くなっている。虫えいの高さは10mm程度である。
【生活史】虫えい内の第2世代は全て有翅虫となり，6月に虫えいの側方が裂開して脱出。二次寄主はササ類で根に寄生する。秋に有翅産性虫が生じ，ケヤキに戻る。
【分布】北・本・四・九・朝鮮半島。

37. エノキハツノフシ　　　　　※エノキ〔エゾエノキ〕

貝殻状分泌物（lerp）

【形成者】エノキカイガラキジラミ *Celtisaspis japonica*
【形状】葉表に，角状に突出する虫えいで，内部はやや広い。高さ3～4mm。1幼虫がみられ，葉裏部は貝殻状の分泌物（lerp）でふたをされている。
【生活史】2化性。越冬卵からの幼虫により虫えいが形成される。6月に羽化。夏世代はlerpをつくるが，虫えいをつくらない。
【分布】本・九・朝鮮半島・中国東部。

38. エノキハクボミイボフシ　　　※エノキ〔エゾエノキ〕

葉裏側（lerp）

終齢幼虫

【形成者】クロオビカイガラキジラミ *Celtisaspis usubai*
【形状】葉表側に，いぼ状～笠状にふくれる（高さ1～2 mm）が角状の突起はない。貝殻状の分泌物で，虫えい下面をおおう。
【生活史】年1化性で，6～7月に羽化する。エノキカイガラキジラミのように，秋には羽化しないのが特徴である。枝に産まれた卵で越夏・越冬する。
【分布】本（東北, 関東, 東海, 近畿）。

ニレ科・エノキ

39. エノキハトガリタマフシ　　※エノキ〔エゾエノキ〕

断面

【形成者】エノキトガリタマバエ
Celticecis japonica
【形状】葉（表・裏）・若枝などにつくられる擬宝珠状〜砲弾状の虫えい。直径4.5mm、高さ8mm内外。内部の虫室は広く、1幼虫がみられる。虫えいの脱落痕は丸く凹む。
【生活史】3〜4月に羽化し、新葉に産卵する。5〜6月に、虫えいごと地上に落下して、幼虫状態で越夏・越冬する。
【分布】本・四・九。

クワ科・クワ

40. クワメエボシフシ　　※クワ

虫えいと蛹の抜け殻

【形成者】クワクロタマバエ
Asphondylia morivorella
【形状】おもに側芽に形成される紡錘形・緑色の虫えい。直径3mm、高さ6mm内外。虫えいの内部は広く、1匹の幼虫がみられる。蛹は黒色で、虫えい先端から半身を乗り出すようにして羽化。
【生活史】5〜6月に羽化した雌は、葉腋の側芽に産卵。虫えい化しない芽の中で1齢幼虫で越冬するという。
【分布】北・本。

41. クワハミャクコブフシ　　　※クワ〔ヤマグワ〕

断面

【形成者】クワハコブタマバエ　学名不詳
【形状】クワの葉の主脈あるいは側脈に沿って，葉裏側にふくれた虫えいで，葉表側にはせまいスリットがある。直径5mmほどで，数個が連続することが多い。表面は白色の軟毛で包まれ，虫室には1幼虫。
【生活史】幼虫は6～7月に脱出し，地中にもぐる。恐らく幼虫で越夏・越冬し，春に羽化すると思われる。
【分布】北・本・九。

クワ科・ガジュマル
42. ガジュマルハマキフシ　　　※ガジュマル

断面

【形成者】ガジュマルクダアザミウマ　*Gynaikothrips ficorum*
【形状】新葉の裏面を表側にするように縦に巻く。長さ30mm内外。表面ははじめ淡緑色で，表面に褐色の斑点が散在する。古くなったものは全体が茶褐色となる。内部には多数の卵・幼虫・成虫がみられる。
【生活史】多化性と思われる。温室や園芸店でも見られる。寄居するアザミウマがいるので注意が必要である。
【分布】本・四・九・南西諸島など。

ヒユ科・イノコズチ

43. イノコズチクキマルズイフシ　　※イノコズチ〔ヤナギイノコズチ〕

【形成者】イノコズチウロコタマバエ
Lasioptera achyranthii
【形状】茎の節の部分につくられる紡錘形〜準球形の虫えい。緑色であるが、赤味をおびることもある。直径10mm、長さ20mm前後。虫えい内部には数個の虫室があり、各1匹の黄色幼虫がみられる。
【生活史】虫えい内で越冬した幼虫は、4月に羽化する。2〜3化性。
【分布】本・四・九・佐渡。

モクレン科・シキミ

44. シキミハコブフシ　　※シキミ

葉裏側

【形成者】シキミタマバエ
Illiciomyia yukawai
【形状】葉の表面・裏面に形成される半球状の虫えい。直径3mm前後。虫えいの表面は木質で硬く、未熟時は黄緑色、成熟すると黒褐色となる。1虫室1幼虫。
【生活史】5月に虫えい上部から羽化し、年1化。雌は新葉に産卵。終令幼虫は虫えい内で越冬。一部の幼虫は休眠し、次の春に羽化するという。
【分布】本・四・九・屋久島。

クスノキ科・クスノキ

45. クスノキハクボミフシ　　※クスノキ

葉裏側（幼虫）

【形成者】クストガリキジラミ
Trioza camphorae
【形状】葉裏がピット状にくぼみ、葉表側がいぼ状にふくれる虫えい。葉裏側に幼虫が1匹付着する。表面は平滑で光沢あり、紫褐～黒褐色。

【生活史】3～4月に葉裏側から羽化し、葉裏に産卵。2齢幼虫で越冬・越夏する。その間、虫えいの大きさはほとんど変化しない。関東地方でも普通にみられるようになってきた。
【分布】本・四・九・台湾・中国・朝鮮半島。

クスノキ科・ヤブニッケイ
46. ニッケイハミャクイボフシ　※ヤブニッケイ〔ニッケイ・イヌガシ〕

【形成者】ニッケイトガリキジラミ
Trioza cinnamomi
【形状】葉表にいぼ状にふくれ、葉脈に沿って形成される虫えい。黄緑色で、一部赤褐色を呈する。幼虫は葉裏部の凹みに1匹はりつく。

【生活史】2齢幼虫で越夏・越冬し、3～4月に虫えいの葉裏側より羽化。新葉に産卵されると虫えいが形成されるが6月以後は大きくならない。
【分布】本・四・九・南西諸島。

クスノキ科・タブノキ

47. タブノキハウラウスフシ　　※タブノキ〔ホソバタブ*〕

断面

【形成者】タブウスフシタマバエ
Daphnephila machilicola
【形状】葉裏に形成される臼型の虫えいで直径5mm、高さ8mm前後。虫室は円筒形で内部に1幼虫。虫室の先端部は凹み、硬い球形の蓋がある。
【生活史】5月に虫えいから羽化。虫えいは秋から春にめだつようになる。1年1世代だが、2年1世代、3年1世代のものもあるという。
〔*柄のある壺状の虫えいとなる〕
【分布】本・四・九・南西諸島・台湾。

クスノキ科・タブノキ

48. タブノキハクボミフシ　　※タブノキ〔ホソバタブ〕

葉裏側

【形成者】タブトガリキジラミ
Trioza machilicola
【形状】葉裏についた幼虫の、腹側がくぼみ、葉表側へふくれだした虫えい。葉表部は淡緑～黄緑色で直径1mm以内で小さい。葉裏部の幼虫体のまわりはリング状にふくれる。
【生活史】3～4月に羽化して新葉に産卵する。夏までに虫えいの大きさは最大になる。2齢幼虫で越夏・越冬する。
【分布】本・四・九。

クスノキ科・シロダモ

49. シロダモハコブフシ　　※シロダモ

産卵中のタマバエ

【形成者】シロダモタマバエ
Pseudasphondylia neolitseae
【形状】虫えいの葉表部は，黒褐色の球形部を緑色の円錐部が支えている。葉裏部は茶褐色で球形。直径3mm，高さ4.5mm前後である。虫室は球形で1幼虫。葉裏部の脱出孔には丸い蓋と白い蛹殻が残る。
【生活史】3齢で越冬なら4月に羽化。1齢で越冬なら次年の春に羽化するという。
【分布】本・四・九・南西諸島など。

ユキノシタ科・ウツギ

50. ウツギハコブフシ　　※ウツギ＊〔マルバウツギ＊・ヒメウツギ〕

断面

ウツギハフクレフシ

【形成者】タマバエの1種　学名不詳
【形状】葉身・葉柄・花梗などに生ずるほぼ球形の虫えい。頂部に小突起がある。内部は広く，1幼虫がみられる。
【生活史】5月末には幼虫が脱出して地中に入る。その後の経過は不詳。
【分布】本・九。
【付記】ウツギ類(＊)には，別種のタマバエによるウツギハフクレフシがみられる。

ユキノシタ科・ノリウツギ

51. ノリウツギミフクレフシ　　　※ノリウツギ

【形成者】ノリウツギタマバエ
Contarinia hydrangeae
【形状】子房が球形に肥大した虫えいで，直径7mm内外。虫えいの下部は逆円錐状にせばまる。表面平滑で白色。虫えい内部には数個のやや広い虫室があり，各1匹の黄色の幼虫がみられる。虫えいの上方に小孔をうがち幼虫が脱出する。
【生活史】恐らく年1化。地中で幼虫越冬。詳細不明。
【分布】北・本・四・九。

マンサク科・イスノキ

52. イスノキエダコタマフシ　　　※イスノキ

乾固した虫えい

【形成者】イスノタマフシアブラムシ
Monzenia globuli
【形状】枝に形成される直径10〜15mmの球形の虫えい。緑〜黄白色で壁は薄い。しばしば多数の虫えいが相接する。
【生活史】越冬卵は5月に孵化するが，8月頃まで虫えいはめだたない。9月から急に肥大し，10月に裂開し，有翅産性虫が脱出。寄主を転換せず，イスノキ上で雌雄を産む。
【分布】本・四・九・屋久島。

53. イスノキエダチャイロオオタマフシ ※イスノキ

3月の若い虫えい

【形成者】モンゼンイスアブラムシ
Sinonipponaphis monzeni
【形状】小枝に生ずる黄緑～茶褐色の虫えい。表面に褐色毛。直径80mmに達するものもある。木質化して硬い。
【生活史】10～11月に虫えい側面に丸い開孔部が生じ有翅胎生虫が脱出。二次寄主はスダジイ・アラカシ。4月に有翅産性虫がイスノキに戻る。3月にみられる小型円錐状の虫えいは，これまでに何年かかったか不明。
【分布】本・九・屋久島。

54. イスノキエダナガタマフシ ※イスノキ

断面

【形成者】イスノフシアブラムシ
Nipponaphis distyliicola
【形状】小枝につく緑色のイチジク状の虫えい。長さ30～40mm，直径20mm前後。先端部にとげ状突起をもつことが多い。裂開孔はきれいな円形にならないことが多い。表面無毛。
【生活史】11月有翅胎生虫がアラカシなどに移住。春に有翅産性虫を生じ，これがイスノキに戻る。小型の虫えい状態で越夏・越冬して成熟する。
【分布】本・四・九・屋久島。

マンサク科・イスノキ

55. イスノキハコタマフシ　　※イスノキ

葉裏側

断面

【形成者】イスノキアブラムシ
Dinipponaphis autumna
【形状】葉の表面よりは裏面の方に長く突出した壁の硬い虫えい。直径5mm、長さ8mm前後。黄緑～淡赤色。
【生活史】虫えいの葉表部先端が裂開し、有翅産性虫が12月に脱出。イスノキ上で雌のみ越冬、3月に芽に産卵。孵化した幹母は葉裏について、虫えいを形成。虫えいは5月中にほぼ完了する。寄主転換しない。
【分布】本・九・屋久島。

マンサク科・イスノキ

56. イスノキハタマフシ　　※イスノキ

断面

【形成者】ヤノイスアブラムシ
Neothoracaphis yanonis
【形状】葉の表面側には半球形、裏面側にはやや円錐状に突出する虫えい。直径は7mm前後。黄緑～緑色で、赤褐色をおびる。4月に伸びる1番枝の葉に虫えいが形成される。
【生活史】越冬芽付近の卵は3月末に孵化し、新葉に虫えいを形成。7月に有翅胎生虫が脱出し、フナラに移住。10月に有翅産性虫が戻る。
【分布】本・九・屋久島。

57. マンサクメイガフシ　　　※マンサク〔マルバマンサク〕

断面 　　　　　　　　　マンサクメイボフシ

【形成者】マンサクイガフシアブラムシ *Hamamelistes miyabei*
【形状】側芽がほぼ卵形（直径約10mm）に肥大し，表面に多数のとげ状突起をもつ虫えい。内部は広い。
【生活史】8月～9月に有翅虫が脱出し，二次寄主上にウダイカンバムレトサカフシをつくる。
【分布】本。
【付記】マンサクイボフシアブラムシ *Hamamelistes kagamii* によるマンサクメイボフシは，側芽がいぼ状～短管状に肥大した虫えい。

58. マンサクハフクロフシ　　　※マンサク

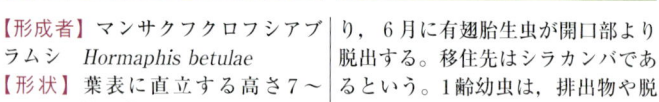

【形成者】マンサクフクロフシアブラムシ　*Hormaphis betulae*
【形状】葉表に直立する高さ7～10mmの楕円体の虫えい。緑～黄白色で，葉裏側に開口部がある。
【生活史】春に虫えい形成がはじまり，6月に有翅胎生虫が開口部より脱出する。移住先はシラカンバであるという。1齢幼虫は，排出物や脱皮殻を捨てる"労働"を行う。
【分布】本。

バラ科・モミジイチゴ

59. キイチゴクキコブズイフシ ※モミジイチゴ〔ハチジョウイチゴ*〕

産卵中の寄居蜂

【形成者】キイチゴクキコブズイタマバチ　Diastrophus sp.
【形状】若い茎がこぶ状に肥大，表面には不規則の凹凸。〔直径10mm長さ30mm内外。茎の髄質の中に，虫室（楕円体）多数あり，1室1幼虫……寄居蜂（Synophromorpha taketanii）が脱出した虫えいについてのもの〕。
真の虫えい形成者はなかなか得られない。
【分布】本・九・伊豆神津島（*）。

バラ科・ノイバラ

60. バラハタマフシ　※ノイバラ〔テリハノイバラ〕

寄居蜂のいる虫えい

【形成者】バラハタマバチ　Diplolepis japonica
【形状】葉裏の脈上，若い果実に形成される虫えい。内部は1虫室で1幼虫がみられる。球形で短い突起がある。突起が長く星状になるものには，寄居蜂がみられることが多い。
【生活史】6〜7月に葉から脱落。虫えい内で幼虫越冬。春に羽化。雄は黒色で雌は橙赤色。雄の数は少ない。オナガコバチなど，寄生蜂も多い。
【分布】北・本・四・九・朝鮮半島。

バラ科・サトザクラ

61. サクラハトサカフシ　　※サトザクラ〔ソメイヨシノ〕

ヨモギキイロコブアブラムシによる虫えい（ソメイヨシノ）

断面

【寄生者】サクラフシアブラムシ *Tuberocephalus sasakii*
【形状】葉の表面側に、側脈に沿って袋状に突出する。高さ10mmほどで、稜線部は"とさか"状にギザギザになる。虫えいの側壁は約1mmで硬い。
【生活史】5～6月に虫えい下面のスリットから有翅胎生虫が脱出し、ヨモギに移る。10月に有翅虫がサクラに戻る。ヨモギキイロコブアブラムシ *Tuberocephalus artemisiae* の虫えいと似ている。幹母で区別。
【分布】本。

バラ科・サトザクラ

62. サクラハチヂミフシ　※サトザクラ〔オオシマザクラ・ヤマザクラ〕

【形成者】サクラコブアブラムシ *Tuberocephalus sakurae*
【形状】新葉が裏面を内側にして巻縮した虫えいである。徒長枝に多く、新梢先端部も萎縮してしまう。虫えい形成初期から黄赤～紅紫色を呈する。
【生活史】卵で越冬。6月に有翅胎生虫がヨモギに移住。地下茎の先端で吸汁し、秋にサクラに戻る。
【分布】北・本・四・九。

バラ科・エドヒガン

63. エドヒガンハベリフクロフシ ※エドヒガン〔ヤエベニシダレ・コヒガンザクラ〕

【形成者】サクラハベリフシアブラムシ（ヒガンザクラコブアブラ）
Tuberocephalus higansakurae
【形状】葉縁が葉裏側に袋状に巻いた虫えい。長さ30mm内外。黄緑色だが一部紅紫色となる。

【生活史】二次寄主はヨモギで，地下茎の先端部で吸汁し，アリと共生する。秋に有翅産雌虫を生じ，サクラに戻る。
【分布】北・本。

バラ科・ミザクラ

64. ミザクラハベリフクロフシ ※ミザクラ〔カラミザクラ・トウカイザクラ〕

【形成者】ミザクラコブアブラムシ
Tuberocephalus misakurae
【形状】葉の縁に形成され，葉裏側に折れ，屈曲部は少し肥厚する。表面は多少凹凸があり，ざらつく。黄緑～淡紅色。

【生活史】卵で越冬する。孵化した幹母は葉縁部に虫えいを形成する。幹母成虫は緑色。5～6月に，栽培キクの根に移る。
【分布】本・九。

マメ科・フジ

65. フジメモトフクレフシ　　※フジ（ノダフジ）〔ヤマフジ〕

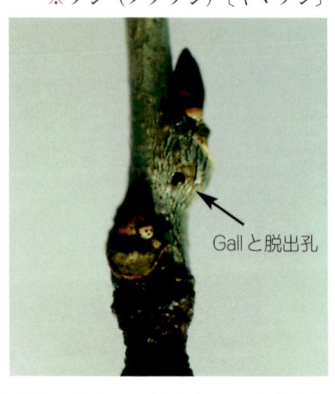

Gallと脱出孔

【形成者】フジタマモグリバエ *Hexomyza websteri*
【形状】休眠芽の下部が半球状に肥大した虫えいである。そのため、芽は展葉しなくなることが多い。直径7mm前後で、内部は1室、1幼虫が生活。枝とほぼ同色なのでめだたない。
【生活史】蛹越冬し、側壁に小孔をあけて脱出し、葉柄のつけね下部に産卵する。
【分布】本・四。

マメ科・フジ

66. フジハフクレフシ　　※フジ〔ヤマフジ〕

断面

【形成者】タマバエの1種 学名不詳
【形状】葉の表・裏にふくれる球形〜レンズ型の虫えいで、直径5mm、厚さ4mm内外。葉表部は黄緑色、葉裏部は緑白色になることが多い。虫えい壁は厚く1虫室1幼虫。
【生活史】5〜6月に、虫えいの葉裏部に小孔をあけて、幼虫が脱出する。脱出後の虫えいは褐変する。おそらく年1回発生。
【分布】本・九。

マメ科・フジ

67. フジツボミフクレフシ　　※フジ〔ノダフジ〕

断面

【形成者】フジツボミタマバエ *Dasineura wistariae*
【形状】蕾や花柄が球形～卵形など不規則に肥大した虫えい。蕾は開花することなく落下してしまう。虫えい内部には，10数匹の幼虫がみられる。花房全体が虫えい化することの多いフジは"玉藤"と呼ばれることがある。
【生活史】5～6月に，虫えい壁に小孔をあけて脱出。地中で越夏・越冬。
【分布】本・九。

マメ科・クズ

68. クズクキツトフシ　　※クズ

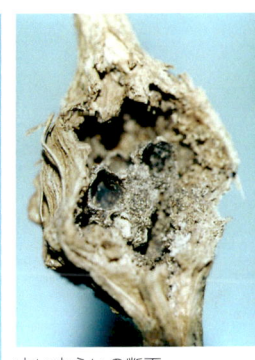

古い虫えいの断面

【形成者】オジロアシナガゾウムシ *Mesalcidodes trifidus*
【形状】茎が肥大し球形（幼虫が少ない場合）～円柱形となった虫えい。長さ20mm～50mm，径20mm内外。茶褐～灰褐色。虫室は数個。
【生活史】5月に，茎にらせん状の傷をつけて産卵。排出物などで暗褐色の蛹室をつくり，蛹化する。夏～秋に成虫となり脱出。ヒメバチ・ハエ類などが脱出することもある。
【分布】本・四・九・台湾・中国。

ミカン科・キハダ

69. キハダハナガフクロフシ　　　※キハダ

【形成者】フシダニの1種
Eriophyes sp.
【形状】葉表側に形成される細長い袋状の虫えい。先端はやや拡がり，多少とも屈曲し，形は変化が多い。表面は黄白〜黄緑色。基部の直径は約1mm。葉裏側の開口部付近には柔毛が多い。虫えい内部には，柔毛が内側に向って突出し，その間にフシダニが多数生活している。
【生活史】詳細不明。
【分布】本。

ウルシ科・ヌルデ

70. ヌルデミミフシ　　　※ヌルデ

断面

虫えい内の蛾の幼虫
（えい食者。＊P.77）

【形成者】ヌルデシロアブラムシ
Schlechtendalia chinensis
【形状】羽状複葉の葉軸部に形成される袋状の閉鎖型虫えい。黄緑〜淡褐色。有翅虫の脱出前の虫えいを加熱乾燥したものが五倍子で，薬用・染色用となる。
【生活史】秋に虫えいの開孔部から脱出した有翅虫はコツボゴケなどのチョウチンゴケに移る。産まれた幼虫は越冬後有翅虫となり，ヌルデに戻る。
【分布】北・本・四・九・中国など。

モチノキ科・イヌツゲ

71. イヌツゲメタマフシ ※イヌツゲ〔ハイイヌツゲ*1・オオシイバモチ*2〕

モチノキメタマフシ

【形成者】イヌツゲタマバエ
Asterolobia sasaki
【形状】側芽が直径10mm内外，準球形〜塊状に肥大した虫えい。内部の数個のU字型に曲った虫室に各1匹の幼虫が入っている。

【生活史】3齢幼虫で虫えい内越冬。5〜6月に羽化。モチノキメタマフシやソヨゴメタマフシは似た形状で，形成者も似ている。
【分布】北（*1）・本・四・九・佐渡・沖縄本島（*2）。

ニシキギ科・マサキ

72. マサキハフクレフシ ※マサキ〔ツルマサキ〕

葉裏側の壁を除き蛹を示す

【形成者】マサキタマバエ
Masakimyia pustulae
【形状】葉の表と裏に，僅かにふくれる火ぶくれ状の虫えい。厚さ1.4〜2.8mmの厚い型と，0.7〜1.3mmの薄い型とある。表面緑色，裏面は淡黄白色。虫室はせまく，1幼虫がみられる。
【生活史】4〜5月に虫えいから羽化。虫えいは秋からめだつようになる。幼虫に黄色型と白色型とがある。（写真のものは薄い型・黄色型）
【分布】北・本・四・九・屋久島など。

ツリフネソウ科・ツリフネソウ

73. ツリフネソウハオレタマゴフシ　　※ツリフネソウ〔キツリフネ〕

断面

【形成者】ツリフネソウコブアブラムシ *Eumyzus impatiensae*
【形状】葉縁が表側に折りたたまれ，葉縁が接して舟型～袋状となり，肉厚になった虫えい。緑白～黄緑色，桃赤色をおびることが多い。

【生活史】春から虫えいをつくり，8月に有翅胎生虫を生じ，虫えいを出て若い葉にうつる。無翅胎生虫も虫えいを出て虫えいを作るので，1株上に種々の段階の虫えいが見られる。
【分布】本・四。

クロウメモドキ科・クマヤナギ
74. クマヤナギハフクロフシ　　※クマヤナギ

葉裏側

【形成者】クマヤナギトガリキジラミ *Trioza berchemiae*
【形状】側脈の間が，葉表側につまんだようにふくれる袋状の虫えい。葉裏側にスリットがある。緑白～緑黄色で時に赤色をおびる。それぞれ1幼虫を含む。
【生活史】成虫で越冬する。晩春の4～5月に産卵をはじめる。6～7月に，終齢幼虫は虫えい外に出てから羽化する。
【分布】本・四。

ブドウ科・エビヅル

75. ブドウツルフクレフシ　　※エビヅル〔ヤマブドウ・ブドウ〕

蛹殻　　　　　　　ブドウスカシバ

【形成者】ブドウスカシバ
Paranthrene regalis
【形状】つる（茎）をほぼ紡錘状に肥大させる。直径10〜15mm，長さ60mm前後。ブドウでの肥大はさほどめだたない。内部に1幼虫が生活し，木屑・糞がみられる。
【生活史】虫えい内で幼虫越冬し，5〜6月に羽化。ムラサキスカシバによるエビヅルの虫えいと区別困難。
【分布】北・本・四・九・朝鮮半島・中国。

ブドウ科・ヤマブドウ

76. ヤマブドウハトックリフシ　　※ヤマブドウ〔エビヅル・ノブドウなど〕

断面

【形成者】ブドウトックリタマバエ
Cecidomyia viticola?
【形状】葉表・葉柄・つるに形成される擬宝珠状〜円錐形の虫えい。表面平滑で黄赤〜紅赤色。直径3.5mm，高さ8mm前後。虫えいの壁は硬い。1虫室・1幼虫。
【生活史】虫えいは7月からめだつようになり，9月には脱落する。葉には脱落痕が残る。虫えい内幼虫越冬。
【分布】北・本・四・朝鮮半島・北米。

ブドウ科・ノブドウ

77. ノブドウミフクレフシ　　※ノブドウ〔ヤブガラシ〕

断面（蛹）　　断面（＊1）

【形成者】ノブドウミタマバエ
Asphondylia baca
【形状】果実がやや肥大する球形の虫えいで、直径10〜15mm。表面平滑で、色は変化が多い。内部に1虫室があり、1幼虫がみられる。内部に糞があればブドウトリバの幼虫が虫えいを食している（＊1,P.77）。
【生活史】2・3世代を本寄主上で過ごし、秋にニシキウツギ類の越冬芽に産卵する（＊P.63）。
【分布】北・本・四・九・朝鮮半島

シナノキ科・シナノキ

78. シナノキハミャクケフシ　　※シナノキ〔オオバボダイジュ〕

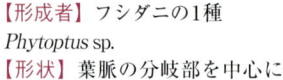

葉裏側

【形成者】フシダニの1種
Phytoptus sp.
【形状】葉脈の分岐部を中心につくられる、フシダニによる毛せん状の虫えい。柔毛は葉の表・裏の両面にみられる。先端は尖り、淡黄褐色である。フシダニは柔毛間で生活している。
【生活史】詳細不明。
【分布】本。
【付記】シナノキハツノフシやオオバボダイジュハツノフシもダニによる。

サルナシ科・マタタビ

79. マタタビミフクレフシ　　※マタタビ

断面

【形成者】マタタビミタマバエ
Pseudasphondylia matatabi
【形状】本来楕円体～円錐体になるべき果実が扁平球状～不規則塊状となった虫えい。花弁・雄しべ・花柱の一部が残存。内部は漿質で多数の虫室があり、各1匹の幼虫が生活している。
【生活史】9～10月に落下した虫えいから羽化。越冬態や冬寄主の有無についての詳細は不明。
【分布】本・九・佐渡。

ウコギ科・キヅタ

80. キヅタツボミフクレフシ　　※キヅタ

蛹 　　断面

【形成者】キヅタツボミタマバエ
Asphondylia sp.
【形状】蕾が直径6mm、長さ15mm前後の卵形に肥大した虫えい。内部は海綿状で柔らかく、1房室があり、1幼虫が見られる。
【生活史】虫えい内で1齢幼虫で越冬。5～6月に虫えいより直接羽化。その後の経過不明。寄主を転換するかも知れない。果実を変形させるキヅタミフシとの関係も不明。
【分布】本・九。

ウコギ科・ヤマウコギ

81. ウコギハグキツトフシ　　　※ヤマウコギ

断面

【形成者】ウコギトガリキジラミ *Trioza ukogi*
【形状】葉柄や小葉の基部，ときに花柄や果実に形成される閉鎖型の虫えい。表面平滑で緑～緑黄色。内部に1～数個の虫室がある。1虫室1幼虫。

【生活史】成虫で越冬し，春に枝に産卵。幼虫が葉柄などに定位し，虫えいが形成される。2齢で越夏し，秋から急に成長が進み，10月に虫えいが裂開し羽化。
【分布】本・朝鮮半島。

ミズキ科・ミズキ

82. ミズキハミャクフクレフシ　　　※ミズキ〔クマノミズキ〕

【形成者】タマバエの1種　学名不詳
【形状】葉の側脈の片側が，葉裏側あるいは葉表側にふくれた虫えいで，反対側にはスリットがある。表面に多少凹凸がある。黄白～紫褐色で，幼虫脱出後は汚褐色となる。内部には数匹の白色幼虫が生活している。
【生活史】新葉の展開とともに虫えいが形成され，4月中にほとんどの幼虫が脱出する。その後の経過は不明。
【分布】北・本・九。

ミズキ科・アオキ

83. アオキミフクレフシ   ※アオキ〔ヒメアオキ〕

蛹殻

蛹殻

【形成者】アオキミタマバエ
Asphondylia aucubae
【形状】果実が変形する虫えい。内部は数個の虫室があり，1幼虫を含む。南日本で正常果より小さく，北日本やヒメアオキではやや大きくなる傾向がある。虫えい化した果実の方が，枝に残ることが多い。
【生活史】6月に羽化し，幼果に産卵。1齢幼虫で虫えい内越冬。
【分布】北・本・四・九・佐渡・伊豆諸島・八丈島。

リョウブ科・リョウブ

84. リョウブハタマフシ   ※リョウブ

葉裏側

【形成者】タマバエの1種 学名不詳
【形状】葉の表裏に，ほぼ球形にふくれ，直径・高さとも5〜6mm内外。虫えいの壁はやや厚く繁質で，1虫室1幼虫。黄白〜黄緑色。おもに葉裏側の壁に小孔をうがち，幼虫が脱出。脱出後の虫えいは褐変する。
【生活史】詳細不明。初夏から夏にかけて，比較的長期間にわたって虫えいがみられる。
【分布】本・九・屋久島。

ツツジ科・ミツバツツジ

85. ツツジミマルフシ　※ミツバツツジ〔サイゴクミツバツツジなど〕・ヤマツツジ・アケボノツツジなど〕

ヤマツツジ

乾固した虫えい（ヤマツツジ）

【形成者】タマバエの1種　学名不詳
【形状】果実が不整形に肥大する虫えいで、大きさや表面の褐色毛の密度などに変化が多い。ヤマツツジでは最も毛が多く、"ケタマフシ"状になる。同一種による虫えいか不詳。内部に多数の幼虫がすむ。
【生活史】10月頃、虫えいに小孔をあけ脱出。
【分布】本・四・九・屋久島。

ツツジ科・アセビ

86. アセビツボミトジフシ　※アセビ

断面（蛹）

【形成者】アセビツボミタマバエ
Asphondylia sp.
【形状】蕾が展開せず、緑色のがくに包まれたままになった虫えい。花弁は汚褐色になることが多い。全形は花後の果実に似るが、花柱が残存しないので区別できる。
【生活史】4月に、虫えいから直接羽化。蛹殻は虫えいに残る。羽化後の経過は不明。アセビの花芽は秋にめだつので、寄主転換の可能性が高い。
【分布】本・九。

カキノキ科・カキノキ

87. カキハベリマキフシ　　※カキノキ

【形成者】カキクダアザミウマ
Ponticulothrips diospyrosi
【形状】カキの葉が、裏面を表にして縦に巻かれた虫えい。両縁から巻かれることが多い。表面は多少凹凸があり、黄褐〜茶褐色をおびる。内部には多数の幼虫・成虫がみられる。
【生活史】越冬した成虫が若葉に産卵。成虫1匹でも虫えい形成可能。
【分布】本・四・九。
【付記】南日本の野生のカキ類には、別種のアザミウマが虫えいをつくる。

ハイノキ科・サワフタギ

88. サワフタギハサキオレフシ　※サワフタギ〔タンナサワフタギ〕

虫えい内部と幼虫

【形成者】ミドリトガリキジラミ
Trioza magna
【形状】葉の先端部だけが、葉表側に折りたたまれ、幼虫のみられる部分はやや肥厚する。長さ約20mm。黄緑色。内部には数匹の幼虫と、ワックス状分泌物に包まれた排出物がみられる。
【生活史】年1世代で成虫越冬。6〜7月に成熟した幼虫は、虫えいの外に出て羽化。
【分布】本・四・九。

エゴノキ科・エゴノキ

89. エゴノネコアシ ※エゴノキ

断面

【形成者】エゴノネコアシアブラムシ
Ceratovacuna nekoashi
【形状】側芽に形成されるネコの"足先"状の虫えい。ネコの"足指"に相当するのは、それぞれ独立した虫室。
【生活史】幹母によって作られた虫室の基部に定着できた1齢幼虫だけが虫室に入れる。あぶれたものは防衛にあたる。6〜7月に"足指"先端が裂開し、有翅虫がアシボソに移住する。
【分布】北・本・四・九・朝鮮半島。

エゴノキ科・エゴノキ

90. エゴノキハツボフシ ※エゴノキ

断面(蛹)

【形成者】エゴノキニセハリオタマバエ
Oxycephalomyia styraci
【形状】中肋・葉柄・花柄に形成される緑色、卵形の虫えい。直径4〜5mm、高さ6〜7mm。壁は薄く、虫室は広く、1幼虫がみられる。
【生活史】開葉とともに虫えいが出現、4月に、黒色の蛹が虫えいの先端に孔をあけ、羽化。その後の経過は不詳だが、年1化であろう。
【分布】本・沖縄本島。

エゴノキ科・ハクウンボク

91. ハクウンボクエダサンゴフシ ※ハクウンボク

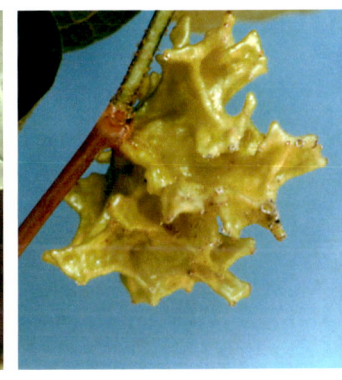

【形成者】ハクウンボクハナフシアブラムシ
Hamiltonaphis styraci
【形状】黄色でサンゴ状に分岐し，表面平滑で，直径100mmにも達する。分岐部の先端は扁平で小孔がある。
【生活史】つぼ型で直径5mmほどの虫えいで1回越冬し，2年がかりで成熟する。2齢の兵隊アブラムシ（緑色）は攻撃性を示し，また甘露球を押し出す。8月に有翅産性虫が現れ，葉に産卵するという。
【分布】北・本。

モクセイ科・ネズミモチ

92. ネズミモチミミドリフシ ※ネズミモチ〔イボタノキ・オオバイボタ・トウネズミモチ〕

ネズミモチツボミトジフシ

【形成者】イボタミタマバエ
Asphondylia sphaera
【形状】果実が発育不良となり，小型化し，緑色のまま枝に残る。直径4mm，長さ9mm。通常1幼虫が生活。
【生活史】1齢幼虫で越夏・越冬・4〜5月に羽化。蕾が開かず，少しふくれるネズミモチツボミトジフシ（本州・九州）は，同種のタマバエによる可能性が大きい。
【分布】本・四・九・沖縄など。

モクセイ科・ヒイラギ

93. ヒイラギミミドリフシ　　※ヒイラギ

断面（蛹）

【形成者】ヒイラギミタマバエ
Asphondylia yushimai
【形状】果実が正常果より僅かに変形,小型化した虫えい。直径4.5mm,長さ7.5mm内外で,緑色のままで残ることが多い。

【生活史】バクチノキミミドリフシとともに,ダイズサヤタマバエの冬寄主虫えいであると,DNA分析から判明した。
【分布】本・九。

キョウチクトウ科・テイカカズラ
94. テイカカズラネコブフシ　※テイカカズラ〔リュウキュウテイカカズラ*〕

【形成者】テイカカズラネコブタマバエ
Ametrodiplosis sp.
【形状】がけに垂れている根や,岩の表面をはっている根につくられる直径4mm前後の虫えい。表面はやや粗く,黄褐～茶褐色で,内部に1匹の幼虫がみられる。
【生活史】虫えい内で幼虫状態で越冬すると思われる。室内飼育では4～6月とだらだら羽化した。
【分布】本・九・沖縄本島*。

キョウチクトウ科・テイカカズラ

95. テイカカズラミサキフクレフシ　　※テイカカズラ

【形成者】テイカカズラミタマバエ *Asteralobia* sp.
【形状】対をなして逆V字状になっている果実が先端（実の先）が接したまま肥大した虫えい。表面平滑で黄褐〜紫褐色。内部に多数の虫室があり，それぞれ黄色の1幼虫を含む。
【生活史】秋に小孔をうがって脱出した幼虫は，まゆを作って越冬。5月に羽化する。
【分布】本・九。

ヒルガオ科・アメリカネナシカズラ

96. ネナシカズラツルコブフシ　※アメリカネナシカズラ〔ハマネナシカズラ〕

【形成者】マダラケシツブゾウムシ *Smicronyx madaranus*
【形状】細い黄〜黄白色の茎をほぼ球状に肥大させる虫えい。形は変化が多い。大型のものは径10mmほどになる。表面平滑で黄色〜橙黄色。内部には1〜数個の虫室があり，虫えい壁は繋質。
【生活史】虫えい内で蛹化し，成虫となって脱出。周年経過など不詳。
【分布】本。

シソ科・ニガクサ

97. ニガクサツボミフクレフシ ※ニガクサ〔シモバシラ・イヌコウジ・ツルニガクサ〕

上：断面（幼虫）　下：成虫

【形成者】ヒゲブトグンバイ
Copium japonicum
【形状】蕾が変形・肥大し，緑黄〜淡紅色となった虫えいで，内部に広い空間があり雄しべ・雌しべが残る。
【生活史】7〜8月に，虫えい先端部のうち合わせ部分がゆるみ，成虫脱出。ニガクサでは1虫えい1匹であった。脱出後の吸汁植物など，不明な点が多い。恐らく成虫越冬であろう。
【分布】本・四・九・台湾・中国。

ナス科・クコ

98. クコハフクレフシ ※クコ

葉裏側

【形成者】クコフシダニ
Eriophyes kuko
【形状】葉の両側にいぼ状にふくれ，直径3mm，高さ1〜2mm。葉表側は紫褐〜黒褐色。葉裏側は黄白色，中央に小孔がある。
【生活史】冬以外は，虫えい内に各段階のフシダニが観察される。
【付記】ニセクコフシダニ・ナミクコフシダニが記録されているが，クコフシダニとの関係は不詳。
【分布】北・四・九・北米。

ゴマノハグサ科・ムシクサ

99. ムシクサツボミタマフシ　　※ムシクサ〔カワヂシャ〕

断面（幼虫）

【形成者】ムシクサコバンゾウムシ
Gymnaetron miyoshii
【形状】葉腋に生じた蕾の子房がほぼ球形に肥大した虫えいで，先端は少し突出する。直径4mm前後で緑〜緑褐色。虫室は比較的広く，1幼虫を含む。蛹は尾端と前胸の突起を軸として回転する。
【生活史】成虫越冬後，若い蕾の子房に産卵。幼虫がめだたぬうちでも虫えいはめだつ。5〜6月に羽化。
【分布】本・四・九・沖縄本島。

アカネ科・ヘクソカズラ

100. ヘクソカズラツルフクレフシ　　※ヘクソカズラ

成虫

まゆ　　蛹殻

虫えい（蛹殻）

【形成者】ヒメアトスカシバ
Paranthrene pernix
【形状】つる（茎）が紡錘状に肥大し径10mm，長さ20mm〜30mm内外となった虫えい。内部に1幼虫。蛾の脱出後の虫えい内に，黒くて硬い革状のまゆが残る。
【生活史】羽化期は少しだらだらし，5月〜9月上旬にわたる。蛹が，虫えいから半身を乗り出すようにして，成虫が羽化する。
【分布】本・四・九・伊豆諸島。

アカネ科・ヘクソカズラ

101. ヘクソカズラツボミマルフシ　　　※ヘクソカズラ

断面（幼虫）

ヘクソカズラツボミホソフシ

【形成者】ハリオタマバエの1種 Asphondyliini 族
【形状】蕾の下部が球状にふくれ、頂部が少し突出した虫えい。内部に2〜10匹の幼虫がおり、小孔をあけて脱出。脱出後の虫えいは褐変する。
【生活史】9月に羽化。詳細不明。
【分布】本・四・九・屋久島。
【付記】本州に分布するヘクソカズラツボミホソフシは、キヅタミタマバエの夏寄主虫えいの一つであるという。

スイカズラ科・ガマズミ

102. ガマズミミケフシ　　　※ガマズミ

【形成者】ガマズミミケフシタマバエ *Pseudasphondylia rokuharensis*
【形状】果実が直径10mm前後、正常果の3〜4倍に肥大した虫えい。緑褐〜淡紅色となり、表面は白〜黄白色の短毛でおおわれる。内部はスポンジ状、硬い虫室が1個あり、1幼虫がみられる。
【生活史】落下した虫えいの中で、幼虫状態で越冬し、5月に羽化。若い虫えい内で1齢で越夏し、秋に急に育つ。
【分布】本・九・佐渡。

スイカズラ科・ニシキウツギ

103.　ウツギメタマフシ　※ニシキウツギ〔タニウツギ・ハコネウツギ・ツクシヤブウツギ〕

断面（蛹）

【形成者】ウツギメタマバエ（ノブドウミタマバエと同種。＊P.50）
【形状】側芽に形成されるほぼ球形の虫えい。数枚の短縮変形した葉がつく。内部の数個の虫室には，各1幼虫。1令幼虫で越冬。

【生活史】ノブドウミタマバエの冬〜春寄主虫えい。6月に羽化し，ノブドウ果に産卵。夏〜秋寄主虫えいは，ノブドウミフクレフシ。
【分布】北・本・九・北米。

スイカズラ科・ニシキウツギ

104.　ニシキウツギハコブフシ　※ニシキウツギ〔ツクシヤブウツギ・タニウツギ〕

葉裏側 　　　　　　　　葉裏側

【形成者】ニシキウツギコブハバチ
Hoplocampoides longiserrus
【形状】葉の側脈に沿って形成されるやや扁平な楕円体の虫えい。長さ10mm幅5mm，高さ3mm。幼虫は孔道をつくって食い進む。

【生活史】新葉が半分にたたまれた状態の時に葉肉内に産卵。産卵のみの刺激により成熟時の50〜80％に肥大。8月に脱出。前蛹で越冬。春に羽化。
【分布】本・九。

オミナエシ科・オトコエシ

105. オトコエシミフクレフシ　　※オトコエシ

【形成者】オトコエシニセハリオタマバエ　*Asteralobia patriniae*
【形状】果実に形成されるほぼ球形の虫えい。直径10mm前後。表面平滑で黄白〜淡褐色。虫えい頂部に黒〜茶褐色の小突起がある。内部は繋質で数個の虫室があり，それぞれ1幼虫がみられる。
【生活史】成熟幼虫（3齢）は，9〜10月に虫えい壁に孔をうがって脱出。
【分布】北・本・四。

ウリ科・キカラスウリ
106. キカラスウリツルフクレフシ　※キカラスウリ〔カラスウリ〕

断面（幼虫）　　まゆ

【形成者】オオモモブトスカシバ　*Melittia sangica nipponica*
【形状】地上1〜2m付近の茎につくられる長卵形の虫えい。植物などに接した側で開口することが多く，その部位は糞などを糸で綴って閉じる。長さ50mm内外だが変化が多い。
【生活史】6〜7月に羽化。9〜10月に脱出した幼虫は，地中でまゆをつくって越冬。まゆの表面は土の粒子でおおわれた"土まゆ"。
【分布】本・四・九・屋久島など。

キク科・ヒヨドリバナ

107. ヒヨドリバナハナフクレフシ ※ヒヨドリバナ〔ヨツバヒヨドリ〕

断面（幼虫）

【形成者】ヒヨドリバナハナタマバエ
学名不詳
【形状】頭状花が球形〜塊状に肥大する虫えい。直径10mm内外で表面に白色の微毛があり、総苞片が多数残っている。多数の虫室があり、各 1匹の黄色幼虫がみられる。
【生活史】虫えいは8月に成熟し、9月には幼虫が脱出して地中に入る。恐らく年1化性。
【分布】北・本。

キク科・ブタクサ

108. ブタクサクキフクレフシ ※ブタクサ〔オオブタクサ・オナモミ〕

成虫

蛹殻　　　　　　　　　　　　　　オオブタクサ

【形成者】スギヒメハマキ
Epiblema sugii
【形状】茎の節の近くなどにつくられる虫えいで、形は紡錘形などで変化が多い。虫えい内に1幼虫がみられ、虫えいの一部の小孔から糞を出 す。寄主がオオブタクサの場合は、ブタクサの場合よりめだたない。
【生活史】虫えい内で幼虫越冬。蛹は半身を乗り出して羽化。恐らく1化性。
【分布】本・四・九。

キク科・ヨモギ

109. ヨモギクキコブフシ　　※ヨモギ〔オオヨモギ〕

断面　　　　（裂開した虫えい）

【形成者】ヨモギクキコブタマバエ
Rhopalomyia struma
【形状】茎の側面に生じる球形〜卵形の虫えいで直径10mm前後。内部は柔らかく、やや硬い壁にかこまれた虫室が数個あり、各1幼虫を含む。成熟した虫えいは裂開し、虫室が出現。
【生活史】初夏から秋にかけて各段階の虫えいがみられるので、多化性。虫えい内で、幼虫越冬。
【分布】北・本・四・九・佐渡・屋久島・朝鮮半島・ロシア極東地方。

キク科・ヨモギ

110. ヨモギクキツトフシ　　※ヨモギ〔オトコヨモギ〕

乾固状態の虫えい

断面　　成虫

【形成者】トビモンシロヒメハマキ
（ヨモギシロフシガ）
Eucosma metzneriana
【形状】茎の先端に形成される紡錘形の虫えいである。これにより"芯止め"状になってしまうのが特徴である。幼虫は1匹で、虫えい先端付近より糞を出す。
【生活史】幼虫状態で、虫えい内で越冬する。5月と7月の、2回成虫が発生するという。
【分布】北・本・四・九。

キク科・ヨモギ

111. ヨモギクキナガズイフシ

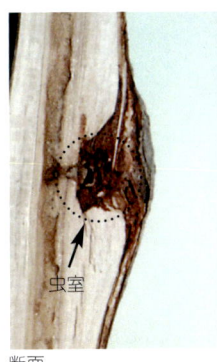

虫室
断面

【形成者】コクロヒメハナノミ
Mordellistena insignata
【形状】茎に形成される虫えいだが、ふくれはさほどめだたない。形は紡錘形で肥大部の直径は10mm前後。虫えいの壁は木質で厚く、硬い。幼虫は髄部を食す。ヒメハナノミ幼虫は、腹部末端節円錐形で、先端突起は円筒形。
【生活史】幼虫状態で越冬し、4～5月に羽化脱出する。
【分布】本。

キク科・ヨモギ

112. ヨモギクキマルズイフシ ※ヨモギ〔オオヨモギ・オトコヨモギ〕

断面（囲蛹）　　　乾固した虫えい

【形成者】ヨモギマルフシミバエ
（ヤマトハマダラミバエ）
Oedaspis japonica
【形状】茎が球形～卵形に肥大し、直径8mm、長さ10mm前後。虫えいの壁は厚く、内部に淡黄色の1幼虫がみられる。幼虫は内壁を削り、羽化脱出に備える。乾固した脱出孔のまわりは滑らかな円形。
【生活史】7月に羽化。周年経過不詳。
【分布】本・九。

キク科・ヨモギ

113. ヨモギクキワタフシ　　※ヨモギ〔オオヨモギ・ヒメヨモギ〕

断面

【形成者】ヨモギワタタマバエ *Rhopalomyia giraldii*
【形状】茎につくられ，直径20mmほどの綿の塊のように見える。白色の長毛が密生した直径2mmほどの虫えいが多数集っている。虫えいは，1虫室1幼虫。
【生活史】春〜秋と長く虫えいがみられ，数世代をくり返し，幼虫で越冬する。
【分布】本・四・九・佐渡・種子島・朝鮮半島・中国・ロシア極東地方。

キク科・ヨモギ

114. ヨモギシントメフシ　　※ヨモギ〔オトコヨモギ〕

断面

【形成者】ヨモギシントメタマバエ *Rhopalomyia iwatensis*
【形状】茎の先端の伸長が停止して，茎が太くなり，多数の葉が重って芯止め状態になった虫えい。頂部に数個の円錐状の虫室があり，内部にそれぞれ1幼虫が認められる。虫室の壁は硬い。
【生活史】詳細の生活史は不明である。（写真は長野県北部で，8月末の状態）。恐らく多化性。
【分布】本・九・種子島。

キク科・ヨモギ

115. ヨモギハエボシフシ　　※ヨモギ〔オオヨモギ・オトコヨモギ〕

【形成者】ヨモギエボシタマバエ
Rhopalomyia yomogicola
【形状】おもに葉表につくられる円錐状〜烏帽子状の虫えいで、直径3mm、高さ6mm内外。表面には白色の微毛がある。1虫室, 1幼虫。

【生活史】春から秋にかけて, 発育段階の異なる虫えいがみられるので、年に数世代をくり返すと思われる。虫えい内で幼虫越冬する。
【分布】北・本・四・九・佐渡・種子島・南西諸島・朝鮮半島。

ヨモギ科・ヨモギ

116. ヨモギハシロケタマフシ　　※ヨモギ〔オオヨモギ〕

断面（蛹・幼虫）・成虫

【形成者】ヨモギシロケフシタマバエ
Rhopalomyia cinerarius
【形状】葉裏ときに葉柄につくられる球状の虫えい。直径10mm前後。白色の微毛が密生。虫えいの壁は柔かく内部に1虫室があり, 1幼虫を含む。

【生活史】初夏から秋まで虫えいが見られ, 年に数世代がくり返されると考えられる。関東地方では、虫えい内で幼虫状態で越冬している。
【分布】北・本・四・九・屋久島・南西諸島・ロシア極東地方。

キク科・ヨモギ

117. ヨモギハベリマキフシ　　※ヨモギ〔オトコヨモギ・オオヨモギ〕

【形成者】ヨモギクダナシアブラムシ
Cryptosiphum artemisiae
【形状】葉縁が，葉裏を内側にして折れ，表面がふくれて葉肉が少し厚くなった虫えい。ときには葉全体が巻縮する。緑黄〜紫褐〜桃赤色。

【生活史】1年中，ヨモギに見られるが生活史の詳細は不明。アブラムシは頭が小さく，角状管が短く，体表はワックスでおおわれている。
【分布】本・四・九。

キク科・ヤブレガサ

118. ヤブレガサクキフクレズイフシ　　※ヤブレガサ

乾固した虫えい

【形成者】タケウチケブカミバエ
Paratephritis takeuchii
【形状】茎・頂芽・花柄に形成される紡錘状〜卵形〜塊状の虫えい。虫えい内部は海綿状の小空間があり，10数匹の幼虫が生活している。

【生活史】4月末から虫えいがめだち，11月に羽化。
【分布】本。
【付記】オタカラコウハグキフクレフシもタケウチケブカミバエによるという。

キク科・ハンゴンソウ

119. ハンゴンソウハナタマフシ　　※ハンゴンソウ

【形成者】ハンゴンソウハナタマバエ
学名不詳
【形状】頭状花が変形した球状〜塊状の虫えいである。形には変化が多い。総苞片や花弁が少し残る。直径10mm前後の大きさ。多数の虫室があり，各1匹の幼虫がみられる。
【生活史】9〜10月に幼虫が脱出し，地中に入る。その後の経過は不明である。
【分布】北・本。

キク科・ツワブキ

120. ツワブキハグキフクレフシ　　※ツワブキ

断面（囲蛹）

【形成者】ツワブキケブカミバエ
Paratephritis fukaii
【形状】葉柄が直径15mm，長さ50mm前後に，ほぼ紡錘状に肥大する虫えいである。内部は成熟すると1個の虫室となり，内壁は凹凸がある。10数匹の幼虫が生活し，虫えい内で蛹化する。
【生活史】成虫は2〜3月と6月，10月と年3化であるという。幼虫・蛹，あるいは成虫越冬との報告がある。
【分布】本・四・九・屋久島・対馬など。

イネ科・チシマザサ

121. ササウオフシ　　※チシマザサ〔チマキザサ・クマイザサなど〕

【形成者】ササウオタマバエ
Hasegawaia sasacola
【形状】ササ類の側芽に形成される虫えいで、全体を小魚とみなしての命名。成熟期には黄褐色、300mmにもなる。葉鞘の基部ごとに稈の変形した虫室があり1幼虫を含む。
【生活史】新芽にまとめて産卵。幼虫は稈に入り虫えいを更に成長させ、春に羽化。3齢で、数年休眠するものもある。
【分布】北・本。

イネ科・ヨシ
122. キタヨシメフクレフシ　　※ヨシ

断面

ヨシノメバエ類成虫（雄は茎を振動させて雌と交信する）

【形成者】キタヨシノメバエ
Lipara frigida
【形状】稈の先端に生ずる長さ300mm、径20mmほどの虫えい。ヨシノメバエ類の虫えい（P.73）中で最大。幼虫は節間部に侵入せず、若葉や幼穂を摂食する。冬期の虫えいは柔らかく、ぼくぼくした感触。押すと潰れる。
【生活史】5～6月に羽化。幼穂形成中の丈の高いヨシに寄生。夏に3齢幼虫となり、そのまま越夏・越冬。
【分布】北・本（長野・埼玉以北）。

イネ科・ヨシ

123. トネオオヨシメフクレフシ　　　　　　　　　　　　　※ヨシ

断面

【形成者】トネオオヨシノメバエ *Lipara brevipilosa*
【形状】桿の先端の伸長が停止し、側方に肥大し紡錘状になった虫えい。長さ200mm、径120mm前後で、ニホンオオヨシメフクレよりやや大型。最終侵入点より上方に蛹室をつくり蛹越冬。丈の高いヨシに多い。
【生活史】3～4月に羽化。葉耳付近に産卵。幼虫は桿の先端からもぐり込む。秋に蛹化する。
【分布】本州(関東)・ロシア沿海州。

イネ科・ヨシ

124. A. ヒメヨシメフクレフシ　B. ニホンオオヨシメフクレフシ　※ヨシ

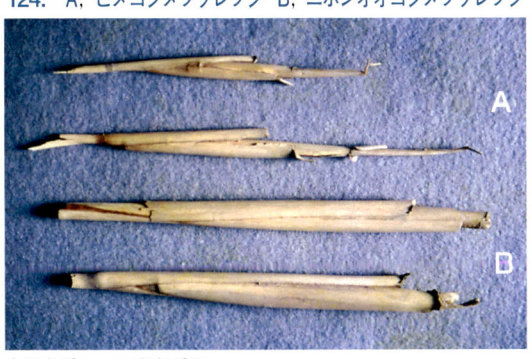

上2本がA，下2本がB　　　　　　　　　　　　　　Bの断面

【形成者】A－ヒメヨシノメバエ *Lipara rufitarsis*　B－ニホンオオヨシノメバエ *Lipara japonica*
【形状】虫えいの直径は、虫えい直下の桿のAでは2倍弱。Bでは2～3倍。A・Bとも最終侵入点付近に蛹室をつくる。
【生活史】3～4月に羽化。虫えい形成や摂食は7～8月で終る。Aは幼虫越冬。Bは蛹越冬。
【分布】A－北・本・四・九、ユーラシア大陸。B－北・本・四・九。

イネ科・ススキ

125. ススキメタケノコフシ　　※ススキ〔ハチジョウススキ*〕

断面　　　　　　　　（脱出孔）

【形成者】ススキメタマバエ *Orseolia miscanthi*
【形状】新芽が紡錘形に肥大した虫えい。表面平滑。緑色で，一部褐色をおびる。横断面は円形〜扁円形。虫えい内部は1室で，虫室は広く多数の幼虫が生活している。直径15mm，高さ50mm内外。
【生活史】9月初旬，側壁の1小孔から脱出ずみ。2化の記録もある（*）。
【分布】本・四・九・八丈島*・屋久島・南西諸島。

イネ科・オギ

126. オギクキフクレフシ　　※オギ

冬の状態　葉鞘を除いたもの　断面（幼虫）

【形成者】オギクキキモグリバエ *Pseudeurina miscanthi*
【形状】稈の先端の数節が，伸長を停止した虫えいで，外観はさほどめだたない。葉鞘を除くと，葉巻きたばこ型のつくりがわかる。冬の虫えいの内壁は黒褐色で，幼虫は1匹。
【生活史】幼虫状態で越夏・越冬し，夏に蛹化，ついで羽化。幼虫は若葉を食した後に，節間に侵入，摂食するという。
【分布】北・本・四・九・ロシア沿海州。

虫えいの観察・標本作製

野外で虫えいを発見・採集した場合,まず,寄主の種名を確認する。外形の写真を撮り,スケッチする。大きさを計測し,内部を観察し,虫室の数や幼虫の数を記録する。寄生者や捕食者・寄居者もいることがあるので,幼虫などの形態や色にも注意が必要である。

蕾・果実のいずれが変形した虫えいであるかは,残存している雄しべや花弁の形態から,およそ判断できる。虫えい形成者が成虫状態で虫えい内に見られることは少なく,多くは幼虫である。次のような特徴から,およそ推定できるが,飼育によって確かめる必要がある。虫えいや内部の幼虫・蛹・蛹殻・成虫などは,75％アルコールで固定・保存する。ラベルは鉛筆書きとする。アブラムシによる虫えいでは,アルコール液が茶褐色に変色してしまい,ラベルの字が読みにくくなるものがある。液を交換し,標本びんにもラベルするとよい。タマバエの幼虫のように,脱色してしまうものがあるので,色の記録も必要である。

虫えいの採集

虫えいが形成される植物は,被子植物が圧倒的に多く,その順位はおおよそ双子葉類＞単子葉類＞裸子植物＞シダ植物となる。科別では,ブナ科・キク科・ヤナギ科・バラ科・クスノキ科などに多い。

形成部位では,およそ葉＞茎＞芽＞花＞根＞果実という順位にな

幼虫の特徴から虫こぶ形成生物を推定する
- ●2対の肢を持つ →フシダニ類
- ●吸収型の口器,3対の肢,
   ときに翅芽があり,成虫に似る→アブラムシ類,キジラミ類
- ●頭部がはっきりしない蛆状→ハエ類
   胸骨がある→タマバエ類(胸骨がない場合もある)
- ●頭部がはっきりしている
   3対の肢がある →ガ類,ハバチ類
   肢がない→タマバチ類コバチ類など

虫えい内に見られる幼虫の例

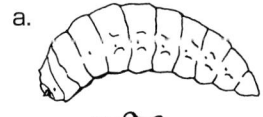

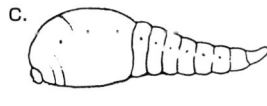

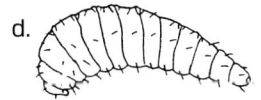

a. タマバエ類(*Asphondylia* sp.) b. コマユバチ類(*Phylomacroploea* sp.)
c. ヒメコバチ類(*Tetrastichus* sp.) d. カタビロコバチ類(*Eurytoma* sp.)

ろう。いずれにせよ、すべての植物のすべての部分に虫えいがつくられると考えて探すことである。

一般に群落の内部は探しにくく、また実際にも少ないようである。群落の周辺部や道端・渓流の岸など、植生に変化のある場所では、能率的に採集できる。

虫えいが単独で存在していることは少ないので、1個発見したなら、その周辺の枝や同種の枝を探すとよい。ヨシの先端を肥大させるヨシノメバエ類の虫えいを1個発見したら、その虫えいと同じ高さで成長の止まっているヨシを探すと能率的に採集できる。

また、エノキカイガラキジラミ類の虫えいでは、虫えい裏面をおおっていた"貝殻"が羽化後に脱落することが多い（p.30）。地上に落ちている"貝殻"から、この類の存在を知ることができる。

落葉を調べると、タマバチやタマバエによる虫えいの存在に気付く。クスノキなどの照葉樹の落葉からも、キジラミやタマバエ類の虫えいを発見できる。クヌギやコナラの雄花序（雄花の集り）が、乾いて地上に落ちている。よく調べると、小さなタマバチ類の虫こぶが見られ、未脱出のものもある。木登りの手間が省けるというものである。落葉樹の枝にできる虫えいは、秋〜冬に脱落しないものが多く、落葉期に発見しやすい。ヤナギ類のタマバエによる虫えいやシデ類のフシダニによる虫えい、タマバチによるナラミエフクレズイフシなどは、この季節に目立つ。

落葉期に落ちないで残っている葉が、新しい虫えいの発見のきっかけになったこともある（例—ムクノキハスジフクレフシ p.29）。

いずれにせよ、"正常"と異なるものに眼をつけることである。異常に大きいとか、異常に小さいとかに眼をつけて内部を調べることが、虫えい発見のきっかけになる。いつまでも蕾のままとか、いつまでも緑のままの果実に気をつけるとよい。

採集した虫えいは、できるだけ小分けにしてビニール袋などに入れる。寄主植物の同定に役立つ花や果実も忘れずに採集すること。寄主の同定不能や同定の誤りを繰りかえさないためである。

夏は暑いので、自動車の後部トランクに採集物を入れないこと。そして、採り過ぎないことを肝に銘じることである。

幼虫の飼育
(付・虫えいをめぐる生物群集)

虫えいから、野外でその形成者を得るに越したことはないが、チャンスは少ない。網かけ・袋かけによって成虫を得ようととする場合は、頻繁に現地を訪れる必要がある。雨に濡れて腐敗したり、乾燥しすぎて標本にならなくなる恐れがあるためである。

枝つきの虫えいを室内で管理し

て，形成虫などを得る場合には，"水切り"を繰り返すなど，水揚げに気をつける必要がある。

逆に，過湿もよくないので，寒冷紗を用いたり，ビニール袋は，剣山で小孔を開けて用いるとよい。

タマバエやハバチの虫えいでは，終齢幼虫が虫えいから脱出して，地中などで越冬したりする。このような場合には，砂やミズゴケを熱湯で処理した後，幼虫を入れるとよい。幼虫がもぐりこまない場合には，暗くしておく。素焼きの植木鉢を利用し，これを地中に半分埋めておくと管理しやすい。

しかし，外部からの侵入者や鳥による加害に十分留意する必要がある。過去の研究者の誤った記録の一部は，このような注意に欠けたことに由来する。

最も小型の素焼きの植木鉢にミズゴケなどを入れて幼虫を潜入させ，これをひと回り大きい飼育びんに入れて，口を針穴ポリ袋で封じる。これは掃除や湿度の管理に便利である。

また，条件によっては，同一世代のものが数年にわたって羽化することがある（p.72）ので，羽化しなかったものを捨てないで管理することも必要である。得られた虫えいや，これから脱出した幼虫をうまく管理して成虫を羽化させたとしても，これをただちに虫えい形成者（Gall-maker・Gall-inducer）としてはならない。虫えい形成者に寄生する寄生者（Parasite）の可能性があるからである。

また，虫えいを形成しないが，虫えいの組織を食べて育つ，形成者と近縁な寄居者（同居者Inquiline）が羽化してくることがある。形成者よりも発育が良いと，虫えいを変形させたり，結果として形成者を殺してしまうこともある。タマバチ類に寄居するヤドカリタマバチなどがこの例であり，形成者よりも寄居者の方が多く見つかる場合がある（p.41）。

また，形成者と近縁でない生物が虫えいを食べることがあり，この生物は，えい食者（Cecidophag）と呼ばれ，虫えい内で発見されることがある(p.46, p.50)。この他に，蜜を分泌する虫えい(p.21)にアリが集まることや，古い虫えいをいろいろに利用するためにやってくる再利用者(successor)もある。

以上のような，虫えいをめぐる複雑な関係を考慮して，形成者を決定する必要がある。

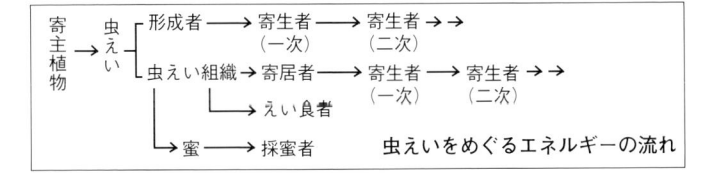

```
寄主植物 → 虫えい ┬─ 形成者 ──→ 寄生者 ──→ 寄生者 → →
                │            （一次）      （二次）
                ├─ 虫えい組織 ┬→ 寄居者 ──→ 寄生者 ──→ 寄生者 → →
                │            │           （一次）      （二次）
                │            └→ えい食者
                └─ 蜜 ──→ 採蜜者
```

虫えいをめぐるエネルギーの流れ

虫こぶ形成者名索引

アオキミタマバエ …………53
アキニレヨスジワタムシ …28
アセビツボミタマバエ ……54
イスノアキアブラムシ ……39
イスノタマフシアブラムシ …37
イスノフシアブラムシ ……38
イヌツゲタマバエ …………47
イヌブナボタンタマバエ …20
イノコズチウロコタマバエ …33
イボタミタマバエ …………57
ウコギトガリキジラミ ……52
ウツギメタマバエ …………63
エゴノキニセハリオタマバエ…56
エゴノネコアシアブラムシ …56
エゾマツカサアブラムシ …13
エノキカイガラキジラミ …30
エノキトガリタマバエ ……31
オオモモブトスカシバ ……64
オカボノクロアブラムシ …28
オギクキキモグリバエ ……74
オジロアシナガゾウムシ …45
オトコエシニセハリオタマバエ64

カキクダアザミウマ ………55
カシハサカズキタマバチ …27
カシハットタマバチ ………26
ガジュマルクダアザミウマ …32
ガマズミミケフシタマバエ …62
キイチゴクキコブズイタマバチ41
キヅタツボミタマバエ ……51
キタヨシノメバエ …………72
クコフシダニ ………………60
クストガリキジラミ ………34
クヌギエダイガタマバチ …24
クヌギハケタマバチ ………24
クヌギハケツボタマバチ …25
クヌギハマルタマバチ ……25
クヌギミウチガワツブタマバチ26
クマヤナギトガリキジラミ …48
クリタマバチ ………………21
クロオビカイガラキジラミ …30
クワクロタマバエ …………31
クワハコブタマバエ ………32
ケヤキヒトスジワタムシ …29
コクロヒメハナノミ ………67
コブハバチの1種 …………15
コブハバチの1種 …………16
コブハバチの1種 …………16

サクラコブアブラムシ ……42
サクラハベリフシアブラムシ …43
サクラフシアブラムシ ……42
ササウオタマバエ …………72
シキミタマバエ ……………33
シバヤナギコブハバチ ……17
シロダモタマバエ …………36
スギヒメハマキ ……………65
ススキメタマバエ …………74
ソロメフクレダニ …………18

タケウチケブカミバエ ……70
タブウスフシタマバエ ……35
タブトガリキジラミ ………35
タマバエの1種 ……………19
タマバエの1種 ……………19
タマバエの1種 ……………36
タマバエの1種 ……………44
タマバエの1種 ……………52
タマバエの1種 ……………53
タマバエの1種 ……………54

ツリフネソウコブアブラムシ …48	フシダニの1種 …………………50
ツワブキケブカミバエ …………71	フジタマモグリバエ ……………44
テイカカズラネコブタマバエ …58	フジツボミタマバエ ……………45
テイカカズラミタマバエ ………59	ブドウスカシバ …………………49
トネオオヨシノメバエ …………73	ブドウトックリタマバエ ………49
トビモンシロヒメハマキ ………66	ブナマルタマバエ ………………20
ナラエダムレタマバチ …………21	マサキタマバエ …………………47
ナラハタイコタマバチ …………23	マタタビミタマバエ ……………51
ナラメイガタマバチ ……………22	マダラケシツブゾウムシ ………59
ナラメカイメンタマバチ ………22	マツシントメタマバエ …………12
ナラメリンゴタマバチ …………23	マンサクイガフシアブラムシ …40
ニシキウツギコブハバチ ………63	マンサクフクロフシアブラムシ 40
ニッケイトガリキジラミ ………34	ミザクラコブアブラムシ ………43
ニホンオオヨシノメバエ ………73	ミザクラコブアブラムシ ………43
ヌルデシロアブラムシ …………46	ミドリトガリキジラミ …………55
ノブドウミタマバエ…………50,63	ムクノキトガリキジラミ ………29
ノリウツギタマバエ ……………37	ムシクサコバンゾウムシ ………61
	モンゼンイスアブラムシ ………38
ハクウンボクハナフシアブラムシ 57	
バラハタマバチ …………………41	ヤナギコブタマバエ ……………14
ハリオタマバエの1種 …………62	ヤナギシントメタマバエ ………15
ハルニレオオイガフシワタムシ 27	ヤナギマルタマバエ ……………14
ハンゴンソウハナタマバエ ……71	ヤノイスアブラムシ ……………39
ヒイラギミタマバエ ……………58	ヤマトハマダラミバエ …………67
ヒガンザクラコブアブラムシ …43	ヨモギエボシタマバエ …………69
ヒゲブトグンバイ ………………60	ヨモギクキコブタマバエ ………66
ヒメアトスカシバ ………………61	ヨモギクダナシアブラムシ ……70
ヒメヨシノメバエ ………………73	ヨモギシロケフシタマバエ ……69
ヒヨドリバナハナタマバエ ……65	ヨモギシロフシガ ………………66
フウトウカズラクダアザミウマ 13	ヨモギシントメタマバエ ………68
フシダニの1種 …………………17	ヨモギマルフシミバエ …………67
フシダニの1種 …………………18	ヨモギワタタマバエ ……………68
フシダニの1種 …………………46	ワラビハベリマキタマバエ ……12

虫こぶ名索引

アオキミフクレフシ …………53	ガマズミミケフシ ……………62
アカシデメフクレフシ ……17・18	キイチゴキコブズイフシ …41
アカシデメムレマツカサフシ …17	キカラスウリツルフクレフシ …64
アキニレハフクロフシ …………28	キタヨシメフクレフシ ………72
アセビツボミトジフシ …………54	キヅタツボミフクレフシ ……51
イスノキエダコタマフシ ………37	キヅタミフシ …………………51
イスノキエダチャイロオオタマフシ…38	キハダハナガフクロフシ ……46
イスノキエダナガタマフシ ……38	クコハフクレフシ ……………60
イスノキハコタマフシ …………39	クズクキットフシ ……………45
イスノキハタマフシ ……………39	クスノキハクボミフシ ………34
イヌコリヤナギハアカコブフシ 15	クヌギエダイガフシ …………24
イヌシデメフクレフシ …………18	クヌギハケタマフシ …………24
イヌツゲメタマフシ ……………47	クヌギハケツボタマフシ ……25
イヌブナハボタンフシ …………20	クヌギハナカイメンフシ ……24
イノコズチクキマルズイフシ …33	クヌギハナコクロタマフシ …25
ウコギハグキットフシ …………52	クヌギハナコケタマフシ ……25
ウダイカンバムレトサカフシ…40	クヌギハナコツヤタマフシ …24
ウツギハコブフシ ………………36	クヌギハマルタマフシ ………25
ウツギハフクレフシ ……………36	クヌギミウチガワツブフシ …26
ウツギメタマフシ ………………63	クマヤナギハフクロフシ ……48
エゴノキハツボフシ ……………56	クリメコブズイムシ …………21
エゴノネコアシ …………………56	クワハミャクコブフシ ………32
エゾマツシントメカサガタフシ 13	クワメエボシフシ ……………31
エドヒガンハベリフクロフシ…43	ケヤキハフクロフシ …………29
エノキハクボミイボフシ ………30	コナラハウラマルタマフシ …22
エノキハツノフシ ………………30	サクラハチヂミフシ …………42
エノキハトガリタマフシ ………31	サクラハトサカフシ …………42
オオバボダイジュハツノフシ…50	ササウオフシ …………………72
オギクキフクレフシ ……………74	サワシデメフクレフシ ………18
オタカラコウハグキフクレフシ 70	サワフタギハサキオレフシ……55
オトコエシミフクレフシ ………64	シキミハコブフシ ……………33
オノエヤナギハウラケタマフシ 16	シダレヤナギハオオコブフシ …16
カキハベリマキフシ ……………55	シナノキハツノフシ …………50
カシハコタマフシ ………………27	シナノキハミャクケフシ ……50
カシハサカズキタマフシ ………27	シバヤナギハウラタマフシ …17
カシハットタマフシ ……………26	シバヤナギハオモテコブフシ …17
ガジュマルハマキフシ …………32	シロダモハコブフシ …………36
カシワカグキフクレフシ ………27	ススキメタケノコフシ ………74
カシワカメコムレタマフシ……26	ソヨゴメタマフシ ……………47

虫こぶ名索引

タブノキハウラウスフシ ……………35	フジツボミフクレフシ ……………45
タブノキハクボミフシ ……………35	フジハフクレフシ ……………………44
ツツジミマルフシ ……………………54	フジメモトフクレフシ ………………44
ツリフネソウハオレタマゴフシ 48	ブタクサキフクレフシ ………………65
ツワブキハグキフクレフシ ……71	ブドウツルフクレフシ ………………49
テイカカズラネコブフシ ………58	ブナハアカゲタマフシ ………………19
テイカカズラミサキフクレフシ 59	ブナハスジドングリフシ …………19
トネオオヨシメフクレフシ ……73	ブナハマルタマフシ …………………20
ナラエダムレタマフシ ……………21	ヘクソカズラツボミホソフシ …62
ナラネタマフシ ……………………23	ヘクソカズラツボミマルフシ …62
ナラハグキコブフシ ………………21	ヘクソカズラツルフクレフシ …61
ナラハタイコタマフシ ……………23	マサキハフクレフシ …………………47
ナラメイガフシ ……………………22	マタタビミフクレフシ ………………51
ナラメカイメンタマフシ ………22	マツシントメフシ ……………………12
ナラメムレトガリタマフシ ……23	マンサクハフクロフシ ………………40
ナラメリンゴフシ ……………………23	マンサクメイガフシ …………………40
ナラワカメコチャイロタマフシ 22	マンサクメイボフシ …………………40
ニガクサツボミフクレフシ ……60	ミザクラハベリフクロフシ ……43
ニシキウツギハコブフシ ………63	ミズキハミャクフクレフシ ……52
ニッケイハミャクイボフシ ……34	ムクノキハスジフクレフシ ……29
ニホンオオヨシメフクレフシ …73	ムシクサツボミタマフシ ………61
ヌルデミミフシ ……………………46	モチノキメタマフシ …………………47
ネズミモチツボミトジフシ ……57	ヤナギエダカタガワフシ ………14
ネズミモチミミドリフシ ………57	ヤナギエダコブフシ …………………14
ネナシカズラツルコブフシ ……59	ヤナギエダマルズイフシ ………14
ノブドウミフクレフシ ……………50	ヤナギシントメハナガタフシ …15
ノブドウミフシ ……………………63	ヤブレガサクキフクレズイフシ 70
ノリウツギミフクレフシ ………37	ヤマブドウハトックリフシ ……49
ハクウンボクエダサンゴフシ …57	ヨモギクキコブフシ …………………66
バワハタマフシ ……………………41	ヨモギクキマルフシ …………………66
ハルニレハイガフシ ………………27	ヨモギクキナガズイフシ ………67
ハルニレハオオイガフシ ………27	ヨモギクキマルズイフシ ………67
ハルニレハフクロフシ ……………28	ヨモギクキワタフシ …………………68
ハンゴンソウハナタマフシ ……71	ヨモギシントメフシ …………………68
ハンノキハイボフシ ………………18	ヨモギハエボシフシ …………………69
ヒイラギミミドリフシ ……………58	ヨモギハシロケタマフシ ………69
ヒメコシメノクレノシ ……………13	ヨモギハベリマキノシ ……………70
ヒヨドリバナハナフクレフシ …65	リョウブハタマフシ …………………53
フウトウカズラハチヂミフシ …13	ワラビクロハベリマキフシ ……12

参考文献

阿部芳久（1997）「虫えいを形成するタマバチの生活史」―『昆虫と自然32（12）：18－23』

秋元信一（1982）「ゴールを乗っとるアブラムシ」―『インセクタリウム19（6）：12－9』

青木重幸（1992）「冬を越す虫こぶ―ハクウンボクハナフシアブラムシのゴール形成」―『インセクタリウム29（1）：4－9』

上宮健吉（1981）「ヨシノメバエの生活」―『インセクタリウム18（6）：4－12』

黒須詩子（1990）「エゴノネコアシのできるまで」―『インセクタリウム27（7）：4－13』

桝田　長（1959）『タマバチの生活〔日本昆虫記〕』講談社

桝田　長（1972）「日本産タマバチの生活」―『インセクタリウム12（9）：6－9』

桝田　長（1997）「日本産タマバチの研究」p.1～109　自刊

宮武頼夫（1973）「キジラミ類とその生活①、②」―『Nature Study 19：5－11, 33－36』

Miyatake Y.（1944）「Further knowledge on the distribution and biology of two species of the genus Celtisaspis」『Bull. Osaka Nat. His. No. 48』

森津孫四郎（1983）『日本原色アブラムシ図鑑』全国農村教育協会

進士織平（1944）『蟲瘿と蟲瘿昆蟲』春陽堂

宗林正人（1975～1978）「樹木に寄生するアブラムシ（1）～（11）」―『森林防疫24：154－157～27：183－191』

巣瀬　司（1979）「ササウオタマバエの長期休眠」―『インセクタリウム16：32－37』

巣瀬　司（1986）「マサキタマバエの生態①～③」―『インセクタリウム23（1）：18－26, 23（2）：46－57：23（3）：78－87』

薄葉　重（1981）「ゴールとゴール形成生物の生活（1）・（2）」―『生物教育21（3）：13－20, 21（4）：1－7』

薄葉　重（1995）『虫こぶ入門〔自然史双書〕』八坂書房

湯川淳一（1991）「虫えいを作るタマバエの採集と飼育・観察」―『インセクタリウム28（2）：4－13』

湯川淳一（1995）「虫えいと虫えい形成昆虫」―『昆虫と自然30（7）：9－12』

Yukawa J.（1995）「A revision of the Japanese Gall-midge」―『Mem. Fac. Agr. Kagoshima univ. Ⅷ－1　1～203』

湯川淳一・桝田　長（1996）『日本原色虫えい図鑑』全国農村教育協会